"做学教一体化"课程改革系列教材
亚龙智能装备集团股份有限公司校企合作项目成果系列教材

电梯安装与调试

主　编　周伟贤
副主编　张秀清
参　编　岑伟富　　钟陈石　　李荣国　　叶俊杰
　　　　刘志明　　张树周　　余　滨　　程思达
　　　　朱光勇　　魏冠华　　黎蔼华
主　审　曾伟胜

机械工业出版社
CHINA MACHINE PRESS

本书以《教育部关于"十二五"职业教育教材建设的若干意见》及教育部于2014年颁布的《中等职业学校电气运行与控制专业教学标准》为依据编写而成。

本书包括10个学习任务：电梯安装前的准备工作、电梯安装施工的起重作业、脚手架的搭设、样板制作及样板放置、井道内设备安装、层门地坎及层门安装、机房设备安装、电气设备安装、整梯调试与试运行、验收与交付使用。附录为亚龙YL系列电梯教学设备介绍。本书在编写过程中，努力体现教学内容的先进性和前瞻性，突出专业领域的新知识、新技术、新工艺、新的设备或元器件。本书按照任务驱动模式设计编写，具有鲜明的职教特色。

本书适合作为中职电梯安装与维修保养专业、电气类相关专业电梯运行与维护方向教学用书，也可作为职业技能培训及电梯技术从业人员的参考用书。

图书在版编目（CIP）数据

电梯安装与调试/周伟贤主编. —北京：机械工业出版社，2018.10
（2025.2重印）
"做学教一体化"课程改革系列教材 亚龙智能装备集团股份有限公司校企合作项目成果系列教材
ISBN 978-7-111-61372-5

Ⅰ.①电…　Ⅱ.①周…　Ⅲ.①电梯-安装-中等专业学校-教材②电梯-调试方法-中等专业学校-教材　Ⅳ.①TU857

中国版本图书馆 CIP 数据核字（2018）第 259855 号

机械工业出版社（北京市百万庄大街 22 号　邮政编码 100037）
策划编辑：赵红梅　责任编辑：赵红梅　韩　静
责任校对：张　薇　封面设计：张　静
责任印制：单爱军
北京虎彩文化传播有限公司印刷
2025 年 2 月第 1 版第 10 次印刷
184mm×260mm · 11.5 印张 · 276 千字
标准书号：ISBN 978-7-111-61372-5
定价：39.00 元

电话服务　　　　　　　　网络服务
客服电话：010-88361066　机　工　官　网：www.cmpbook.com
　　　　　010-88379833　机　工　官　博：weibo.com/cmp1952
　　　　　010-68326294　金　书　网：www.golden-book.com
封底无防伪标均为盗版　机工教育服务网：www.cmpedu.com

　　本书在编写理念上符合当前职业教育教学改革和教材建设的总体目标，符合职业教育教学规律和技能型人才成长规律，体现了职业教育教材的特色，改变了传统教材仅注重课程内容组织而忽略对学生综合素质与能力培养的弊病，在传授知识与技能的同时注意融入对学生职业道德和职业意识的培养。让学生在完成学习任务的过程中，学习工作过程知识，掌握各种工作要素及其相互之间的关系（包括工作对象、设备与工具、工作方法、工作组织形式与质量要求等），从而达到培养关键职业能力和促进综合素质提高的目的，使学生学会工作、学会做事。

　　本书主要从课程内容体系及其相应教学方法上做了以下尝试与改革：

　　（1）采用任务驱动、项目式教学的方式，尝试将本课程的主要教学内容分解为10个学习任务，分别为电梯安装前的准备工作、电梯安装施工的起重作业、脚手架的搭设、样板制作及样板放置、井道内设备安装、层门地坎及层门安装、机房设备安装、电气设备安装、整梯调试与试运行、验收与交付使用。

　　（2）本书的学习过程和学习方式如下图所示：

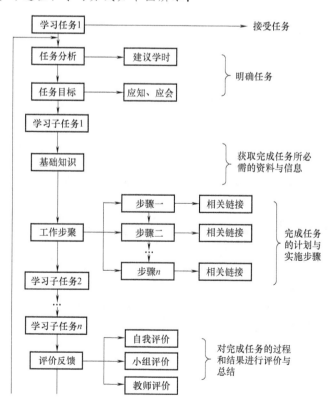

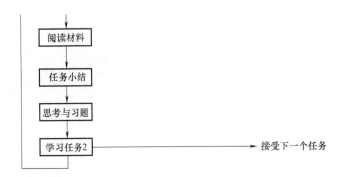

每个学习任务中出现的栏目的含义和作用介绍如下。

◆任务分析：本任务主要知识疏理、概括。

◆任务目标：本任务中应知与应会的学习内容。

◆基础知识：完成子任务所必备的基础知识。

◆工作步骤：将本任务（子任务）分解成若干个工作实施步骤，根据需要在中间穿插介绍相关知识，可组织实施理论与实践的一体化教学。

◆相关链接：在进行该工作步骤中涉及的一些资料，如工程应用方面的知识、仪器仪表和工具的使用注意事项等，并介绍理论知识在实际生产和生活中的应用。

◆阅读材料：包括一些选学的内容及"四新"内容，或与本专业相关的应用知识，供课余阅读，给学习者以一定的选择空间。也使学生通过学习本课程，对专业知识的应用有一定了解，以培养对后续专业课程的学习兴趣。

◆评价反馈：任务完成后的评价与反馈，包括学生的自我评价、小组评价及教师评价。

◆任务小结：本学习任务关键知识点的总结。

◆思考与习题：本学习任务主要知识点的测评。

学习任务起源于典型的工作任务，其特点是按照工作过程组织学习过程，让学生经历接受任务→明确任务→获取信息→制订计划并组织实施→检查并进行评价反馈的全过程，从而学到完成学习任务所必须掌握的专业理论知识与应用技术，掌握操作技能。

按照这种形式来组织教学内容，有利于实施任务驱动、项目教学和行动导向等具有职业教育特点的教学方法，有利于组织本课程的一体化教学，真正实现"做中学，做中教"，从而达到更理想的教学效果。

◆真正实现学习过程与工作过程、理论教学与实训教学的一体化，体现工作过程的完整性。

◆一体化教学模式使师生之间、学生之间实现良好互动，让学生在学中做、在做中学，有利于提高学生的学习兴趣，促使学生积极主动学习。

◆有利于培养学生的综合职业能力，即专业能力、方法能力和社会能力（关键能力）。

◆有利于实现教学相长，促进教师专业知识应用能力、操作技能的提高。

◆有利于推动实训场地的建设与实训设备器材的配置，由较注重验证性实验向理论与实训教学一体化操作的教学模式过渡。

（3）本书以亚龙 YL-777 型电梯安装、维修与保养实训考核装置（及其系列产品）作为教学设备。该设备解决了长期以来电梯教学设备实用性与教学操作性难以统一的矛盾，真正实现了使用功能、教学功能与安全保障性能三者合一，实现教学环境与工作环境、教学内容与工作实际、教学过程与岗位操作过程、教学评价标准与职业标准的"四个对接"。

（4）建议本书学时数为 90 或 120（均为一学期完成），具体如下表所示。

学习任务	标题与内容	建议教学方案	
		方案一	方案二
学习任务 1	电梯安装前的准备工作	6	8
学习任务 2	电梯安装施工的起重作业	6	8
学习任务 3	脚手架的搭设	6	8
学习任务 4	样板制作及样板放置	8	10
学习任务 5	井道内设备安装	12	16
学习任务 6	层门地坎及层门安装	6	8
学习任务 7	机房设备安装	8	10
学习任务 8	电气设备安装	16	20
学习任务 9	整梯调试与试运行	12	16
学习任务 10	验收与交付使用	6	12
机动		4	4
总学时		90	120

本书由周伟贤任主编，张秀清任副主编，岑伟富、钟陈石、李荣国编写学习任务 1~4，叶俊杰、刘志明、张树周编写学习任务 5~7，周伟贤、余滨编写学习任务 8，程思达、朱光勇、叶俊杰编写学习任务 9，魏冠华、黎蔼华编写学习任务 10。全书由周伟贤、张秀清统稿，由曾伟胜主审。

由于编者水平有限，书中难免有疏漏之处，欢迎广大读者批评指正！

编　者

目 录

学习任务1

电梯安装前的准备工作

任务分析

通过本任务的学习，了解电梯安装前的准备工作，学会制订电梯安装施工计划、准备工具及劳保用品、准备电梯技术资料及核对电梯零部件、勘察机房和井道土建情况。

建议学时

建议完成本任务为 6~8 学时。

任务目标

应知

1）了解电梯安装队伍的组建和现场安全教育的内容。

2）掌握电梯安装施工计划的制订方法。

应会

1）能够准备好电梯安装的技术资料、工具及劳保用品。

2）能够核对电梯安装材料装箱单。

3）能够勘察电梯机房和井道的土建情况。

学习子任务 1.1　　电梯安装施工计划

基础知识

制订电梯安装施工计划的一般流程如图 1-1 所示。

图 1-1　电梯安装施工计划的一般流程图

1. 组建电梯安装队伍

电梯安装一般由 4~6 人组成安装小组，其中需有熟练钳工和电工各一名，负责安装调试。此外，根据安装进度，尚需配备懂木工、泥水工、焊工、起重工等相应工序的工作人员等，以保证安装质量和进度。机械与电气部分的安装可采用平行作业，由安装小组组长制订作业计划，明确要求，统一安排。

2. 检查机房和井道的土建是否符合技术要求

机房和井道的土建示意图如图 1-2 所示。

机房和井道土建的技术要求分别介绍如下。

（1）机房技术要求

1）机房的结构要求：

① 机房应是专用房间，有实体的墙、顶和向外开启的带锁的门。

② 机房内不得设置与电梯无关的设备，所装设备也不得用作其他用途，不得安设热水或蒸汽采暖设备。

③ 机房应采用经久耐用、不易产生灰尘和非易燃的材料建造，地面应采用防滑材料铺设或进行防滑处理。

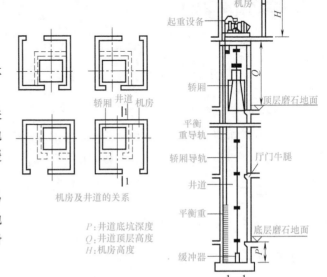

机房及井道的关系

P：井道底坑深度
Q：井道顶层高度
H：机房高度

图 1-2 机房和井道的土建示意图

④ 机房顶和窗要保证不渗漏。

2）机房的尺寸要求：

① 通向机房的通道和机房门的高度不应低于 1.8m，机房内供活动的净高度不应小于 1.8m，工作区域的净高度不应小于 2m。

② 主机旋转部件的上方应有不低于 0.3m 的垂直净空距离。

③ 机房的面积满足图样的要求。

3）机房的防护要求：

① 机房地面高度不一，在高度差大于 0.5m 时，应设置楼梯或台阶并设护栏。

② 地板上必要的开孔要尽可能小，而且周围应有高度不低于 50mm 的圈框。

③ 承重梁和吊钩有明显的最大允许载荷标识。

4）机房的通风与照明要求：

① 机房内应通风，符合防尘、防潮、防鼠的要求，机房的环境温度应保持在 5~40℃ 之间，否则应采取降温或保温措施。

② 机房应有固定的电气照明，在机房内靠近入口的适当高度应设一个开关，以便进入机房时能控制机房照明，且在机房内应设置一个或多个电源检修插座。

5）电梯电源的要求：

① 每台电梯应有独立的能切断主电源的三相开关，其开关容量应能切断电梯正常使用情况下的最大电流，一般不小于主电动机额定电流的 2 倍。

② 主电源开关安装位置应靠近机房入口处，并能方便、迅速地接近，安装高度宜为1.3～1.5m处。

③ 电源中性线和保护接地线始终分开，应采用三相五线制。

（2）井道、底坑及层门的土建技术要求

井道、底坑及层门的土建技术要求是：

① 电梯的井道均应由无孔的墙、底面和顶板全封闭起来，只允许有下述开口：层门开口、通风孔、有火情的情况下排除气体和烟雾的排气孔。

② 井道的墙、底面和顶板应有足够的机械强度，应由坚固、非易燃材料制成。

③ 底坑底部与四周不得渗水或漏水，且底部应光滑平整。

④ 电梯安装之前，所有层门预留必须设有高度不低于1.2m的安全保护围封，并应保证有足够的强度。

⑤ 外呼和层站显示器的开孔宽度和高度应符合图样要求。

⑥ 门框的开孔位置、尺寸（开孔宽度和高度）应符合图样要求。

3. 开箱检查设备

在电梯安装前，应根据装箱单开箱检查所有设备，核对所有的零部件及安装材料，并了解该电梯的型式及控制方式。根据电梯的土建总体布置复核井道留孔、地坎托架（俗称"牛腿"）、底坑深度、顶层高度、提升高度、层站数、层门型式、井道内净平面尺寸（宽×深），若发现差错应通知有关部门及时更正。

开箱检查电梯设备时，应由工地安装负责人会同建设单位、制造厂家和用户代表等有关人员共同进行，并根据"电梯设备进场开箱检验记录表"进行记录。开箱后应对照装箱单对电梯设备零部件和安装材料进行逐箱、逐个清点，并进行外观检查，若发现缺件、坏件、错发件应认真做好记录并落实解决措施。

4. 检查施工安全工作

在电梯安装施工前，应对工地现场、所有施工用的设备和装置进行一次安全检查，消除安全隐患。检查工作的内容包括：

① 所有参加施工的人员都必须参加针对该施工项目特点的安全教育，并有记录。

② 从事起吊、电气焊、高空作业等规定范围内的作业，必须在指导教师的监管下进行。

③ 所有施工人员必须正确使用劳保防护用品，高空、临边作业必须系好安全带。安全带应固定在上方牢固的位置。安全带在使用前应检测其配件是否合格。

④ 搭设脚手架必须有相关施工方案，完成后必须经指导教师安全验收合格后方可使用。

⑤ 施工人员进入现场，必须正确佩戴安全帽，高空（2m及2m以上）操作必须系好安全带。按要求做到"三安"（安全帽、安全网、安全带）防护，注意"四口"（楼梯口、电梯口、预留洞口、通道口），做好"三不违"（不违章指挥、不违章作业、不违反劳动纪律），做到"三不伤害"（不伤害自己、不伤害别人、不被别人伤害），坚持"安全第一，预防为主"。

⑥ 在工地行走，应注意避开钢筋、脚手架，以免被扭伤或刮伤。应注意远离楼梯口、电梯口、井道口、预留洞口，避免坠落。在黑暗的地方或光线强度不足的地方行走，必须携带手电筒用于照明。

⑦ 进场作业用的所有工具、设备要保持完好，使用起吊工装时严格按工装承载要求操

作，避免超载工作。

⑧ 若处于无法设防护设施的高空或临边作业处，必须配安全带和工具袋。高空作业时不准向下丢工具、材料及垃圾等物。利用人字梯、工作台登高作业时，必须有人看护，且梯子、工作台必须采取防滑动、倾倒、垮塌的措施。

⑨ 遵守劳动纪律，服从指导教师指挥，作业时应集中注意力，严禁无证操作或酒后操作。施工中不能随意动用其他专业机具；施工现场材料、成品必须按平面布置图和规定堆放整齐，同时必须要有规定标识，划分责任区，挂牌责任到人。

⑩ 焊、割作业不准与油漆、喷漆、易燃易爆材料加工等作业同时上下交叉进行。动火需开具动火证，必须配备灭火器且要有专人看火，作业前应查看作业点周围是否有可燃物或火灾隐患，清理火灾隐患后方可动火作业。

⑪ 施工完毕要清理施工垃圾，保持现场文明、整洁。

5. 制订施工计划

电梯安装施工计划可参照表1-1制订。

表 1-1　电梯安装施工计划进度表

序号	工作项目	分项	共17天																											
			1	2	3	4	5	6	7	8	9	10	11	12	13	14	15	16	17	18	19	20	21	22	23	24	25	26	27	28	29	30
1	查验土建及脚手架	计划	■																													
2	开箱检查及分派零件	计划	■																													
3	安装样板架及挂基准线	计划		■																												
4	安装导轨架及导轨	计划			■																											
5	安装机房机械设备	计划				■																										
6	安装对重	计划					■																									
7	安装轿厢	计划						■																								
8	安装层门	计划							■																							
9	安装井道机械设备	计划								■																						
10	安装钢丝绳	计划									■																					
11	安装电气装置	计划										■																				
12	拆井道脚手架	计划												■																		
13	整机调试	计划													■																	
14	试运行	计划														■																
15	整机自检	计划															■															
16	监督检验	计划																■														
17	竣工移交	计划																	■													

工作步骤

步骤一：现场考察，讲解电梯参数

以安装一台5层5站、提升高度为20m的电梯为例，基本参数见表1-2。

表 1-2　电梯基本参数

编号 参数	1 号
电梯类型	客梯
电梯型号	—
额定速度	1m/s
额定载质量	800kg
层站数	5 层 5 站
提升高度	20m
曳引比	1：1
变速箱结构形式	蜗轮蜗杆
调速方式	VVVF 变频
控制装置	微机
井道和机房形式	单台独立井道，有机房

步骤二：组建安装队伍

按电梯安装要求，由 6 名学员组建安装小组，并选取一名学员为组长做协调组织工作，人员分配和工作安排见表 1-3。

表 1-3　安装小组人员名单

序号	名称	姓名	工作内容	人数	备注
1	组长		协调组织工作	1	复核安装质量和标准
2	电气技术员		电气安装及调试	2	
3	机械技术员		机械安装及调试	2	
4	安全监督员		安全生产工作监督	1	

步骤三：检查机房和井道的土建技术要求

按照井道设计要求，对电梯机房、井道等土建情况进行检查，参考图 1-2 填写表 1-4，并且拍照做记录，方便取证。

表 1-4　工地检查报告表

检查项目	合格	不合格	备注	检查项目	合格	不合格	备注
机房的结构				机房的防护			
机房的尺寸				机房的通风与照明			
井道、底坑及层门				电梯电源			
预埋件情况				符合土建布置图要求			
井道结构				钢筋混凝土			
实测井道				宽 2500mm，深 3000mm			

备注：根据"机房土建要求""井道土建要求"的要求填写

其他情况描述：符合电梯安装的相关要求和规定

检查日期：　　年　月　日　　检查人员：　　　　　　指导教师：

步骤四：开箱检查设备

学员携带开箱工具（铁笔、铁锤、扳手、一字螺钉旋具等），开箱后应对照装箱单对电梯设备零部件和安装材料进行逐箱、逐个清点，并进行外观检查，发现缺件、坏件、错发件应认真做好记录（见表1-5）并落实解决措施。

表1-5　电梯设备进场开箱检验记录表

工地名称				
安装地点				
产品合同号/安装合同号	GZ/2014-001		梯号	1号
电梯供应商			代表	
安装单位			项目负责人	
出厂日期	年　月　日		开箱日期	年　月　日

检验内容及要求		检验结果	
		是否合格	整改内容
包装情况	零部件应按类别及装箱单完好地装入箱内,并应垫平、卡紧、固定,精密加工、表面装修的部件应防止相对移动。曳引机应整体包装,包装及密封应完好,规格应符合设计要求,附件、备件齐全,外观应完好。设备、材料、零部件无损伤、锈蚀及其他异常情况		
随机文件	1. 文件目录		
	2. 装箱清单		
	3. 产品合格证		
	4. 机房、井道布置图		
	5. 使用维护说明书(含润滑汇总表及电梯功能表)		
	6. 电气原理图、接线图及其符号说明		
	7. 主要部件安装图		
	8. 安装(调试)说明书		
	9. 安全部件型式试验报告结论副本		
	10. 易损坏件目录		
机械部件	曳引机标牌应注明以下内容		
	1. 产品名称、型号		
	2. 额定速度		
	3. 额定载重量		
	4. 减速比		
	5. 出厂编号		
	6. 标准编号		
	7. 质量等级标志		
	8. 厂名、商标		
	9. 出厂日期		

（续）

检验内容及要求		检验结果	
		是否合格	整改内容
机械部件	限速器、缓冲器、安全钳装置、门锁的标牌应标明		
	1. 名称、型号、主要性能及参数		
	2. 厂名		
	3. 型式试验标志及试验单位		
电气部件	电动机、控制柜等各种电气部件应装入防潮箱内，并应做防振处理，必须存放在室内。控制柜标牌应标明型号、规格、制造厂名称及其识别标志或商标		
处理意见	检查验收结论：		
参加验收单位	使用代表： 　　　年　月　日	安装负责人： 　　　年　月　日	实习指导教师： 　　　年　月　日

步骤五：检查施工安全工作

按照上述要求进行一次施工安全工作的全面检查。

步骤六：制订电梯安装施工计划

参照表 1-1，制订安装一台 5 层 5 站电梯的"电梯安装施工计划进度表"。

步骤七：检查脚手架

检查脚手架是否符合安装施工要求，并记录于表 1-6。

表 1-6　脚手架验收记录表

项目名称				
地址				
电梯型号			数量	1 台
脚手架施工单位			施工日期	年　月　日
序号	验收内容		结果	整改结果
1	脚手架用料是否符合工艺要求			
2	脚手架尺寸是否影响样板放线			
3	支撑杆横杆、攀登杆是否牢固			
4	安全平台需每 3 层设置 1 个			
5	安全平台是否牢固			
6	铁丝或尼龙绑扎是否符合要求			
7	扎紧部位是否牢固			
8	层门口护栏是否牢固并符合要求			

验收人：　　　　日期：　　　年　月　日

注：验收要求和标准查阅学习任务 3。

阅读材料

阅读材料 1.1：安全操作规程

应熟练掌握各项安全操作规程，并严格按照《安全作业守则》进行操作。

1. 安全工作步骤

① 预见施工中可能会遇到的危险，制订相应的预防措施。

② 按规定穿戴（使用）劳动保护用品。

③ 放置好各种工具和设备。

④ 摆放危险警告牌及安全围栏。

⑤ 将松脱的设备固定或撤离危险区域，安装安全防护设施如保护网、护罩等。

⑥ 完工后应收拾工具放回工具房存放。

2. 在井道内焊接的安全注意事项

① 工作前应认真检查工具、设备是否完好，焊机的外壳是否可靠接地。

② 工作前应认真检查工作环境，确认符合焊接要求后方可开始工作。

③ 敲焊渣时应戴好平光眼镜。

④ 接、拆电焊机电源线或电焊机发生故障检修时，应由 2 人一起操作，严防触电事故。

⑤ 接地线要安全牢靠，不准用脚手架、钢丝缆绳等作为接地线。

⑥ 在靠近放置易燃物品地方焊接时，要有严格的防火措施，必须经安全员同意方可工作，焊接完毕应认真检查，确无火源才能离开工作场地。

⑦ 焊接吊码、加强脚手架和重要结构时应有足够的强度，并敲去焊渣认真检验是否安全可靠。

⑧ 在井道内焊接时，应注意通风，把有害烟尘排出，以防中毒。

⑨ 如果容器内油漆未干或有可燃气体散发，则不准进行焊接。

⑩ 工作完毕检查清理现场，灭掉火种，切断电源。

3. 井道内照明的相关要求和标准

① 电梯井道照明电压的选择：电梯井道内部空间有限，属于狭小工作场所，为了保证施工及安装、维修人员不受电击，设计时宜选用 36V 安全电压；需要注意的是，在高层建筑中当井道长度超过 50m，尤其是接近或超过 100m 时，为减小电压损失，井道照明电压应采用 220V，同时应设 30mA 瞬时动作的剩余电流保护装置。

② 电梯井道照明光源的选择：井道照度不应小于 50lx，井道最低与最高 0.5m 内装设一盏灯，且每两盏灯之间间距不得大于 7m。

③ 220V/36V 照明变压器应能提供足够的容量。

④ 应采用 36V 电源，36V 照明出线应设保护电器，导线截面积的选择要与保护开关相匹配。

学习子任务 1.2　　工具及劳动保护用品的准备

基础知识

1. 工具、设备和劳动保护用品

电梯安装应配备的工具、设备和劳动保护用品见表 1-7（推荐配置）。

表 1-7 电梯安装应配备的工具、设备与劳动保护用品一览表

序号	名　　称	型号/规格	数量	备　　注
1	安全帽	透气式	6顶	按安装人数配置
2	安全带	全身式安全带	3条	按安装人数配置
3	焊机	380V,11kW	1台	
4	手提钻	可调速	1把	可钻ϕ13孔
5	冲击钻	电锤多功能	1把	可钻ϕ22孔
6	压线钳	HD-16L	1把	
7	压线钳	HT-301	1把	
8	皮尺	50m	1件	
9	校轨尺	夹持厚度20mm(可调)	2套	
10	导轨卡板	8kg,13kg	各2块	
11	水平尺	600mm	2把	
12	薄板开孔器	3/4in,1in,3/2in,5/2in	1套	
13	电烙铁	75W	1台	
14	手拉葫芦	2t,3t,5t	各1个	带防脱钩装置
15	导轨刨	细齿	1个	
16	轿厢安装夹具	8kg,13kg	各1套	
17	钢丝钳	175mm	1把	
18	尖嘴钳	160mm	1把	
19	斜口钳	160mm	1把	
20	剥线钳	碳素钢材质	1把	
21	大线压线钳	DT-38	1把	大线直径>16in使用
22	梅花扳手	套	1把	
23	套筒扳手	套	1把	
24	活扳手	200mm,350mm	各2把	
25	呆扳手	套	1把	
26	一字螺钉旋具	50mm,75mm,100mm,200mm,300mm	各1套	
27	十字螺钉旋具	75mm,100mm,150mm,200mm,300mm	各1套	
28	墙纸刀	18mm刀片	1把	
29	钢锯架	300mm	1个	可调节式
30	钢锯条	300mm	1捆	
31	锉刀	平,圆	各1把	
32	铁锤	0.5kg,1kg	各2个	
33	弯管器	6-8-10mm	1个	
34	线坠	3m,5m	各2套	
35	凿子	20mm	1个	凿墙(洞)用
36	抹子	200mm×120mm×0.7mm	1个	抹水泥砂浆

（续）

序号	名　　称	型号/规格	数量	备　　注
37	吊线锤	10kg	10套	放样线用
38	棉纱线	20m		弹线或吊线坠
39	铁丝或钢丝	0.71mm	2捆	放线用
40	钢尺	150mm,300mm	各2把	
41	钢卷尺	3m,5m	各2把	
42	塞尺	0.02～1mm	2把	
43	角尺	300mm	2把	
44	钻头	2.4mm,3.2mm,5mm,8mm,10mm	各2套	
45	冲击钻头	6mm,8mm,10mm,18mm,22mm	各2套	
46	手提砂轮机	ϕ120×5mm	1台	
47	索具套环	0.6cm,0.8cm	10个	
48	索具卸扣	0.6cm,0.8cm	10个	
49	钢丝绳扎头	y4-12,y5-15	10个	
50	起重滑轮(闭口)	2t	2个	带防脱钩装置
51	卷扬机	额定提升重量200kg	1台	
52	液压千斤顶	5t	1台	
53	起重吊装绳索	ϕ18mm	30m	
54	万用表	MF10	1块	
55	绝缘电阻表	500V	1块	
56	行灯变压器	220V/36V,1000V·A	2台	
57	割炬(割枪)	G01-300	1把	
58	瓶装乙炔气压表	DNS-617	1块	
59	瓶装氧气机气压表	40kg瓶装	1块	
60	乙炔气减压器	YQE-03	1台	
61	氧气减压器	YQY-07	1台	
62	行灯	36V	3台	
63	手电筒	充电式	2个	
64	铁剪	碳钢	1把	
65	电源拖板插座	4插位	2块	

2. 工具、设备和劳动保护用品的管理

1）工具、设备和劳动保护用品应放置在工具房并摆放整齐，如图1-3所示。

2）工具、设备和劳动保护用品应建立严格规范的管理制度。

① 应由专人负责、集中管理。

② 应有严格的借用登记（参见表1-8）。

③ 使用时须注意安全、小心爱护，严格按规范程序操作，使用后要立刻清理，放回原来的工具箱，并由负责人监督。

④ 因使用、保管不当所造成的损毁、丢失等工具损失，由使用人承担，工具负责人要

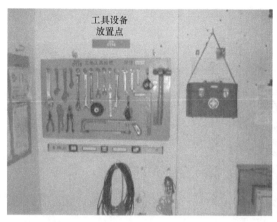

a) 工具、设备

b) 劳动保护用品

图 1-3　工具、设备和劳动保护用品放置标准

负起监管责任，如果监管不到位则由工具负责人承担责任。

⑤ 工具的正常损坏须说明原因，并及时交旧领新，以免影响日常工作。

表 1-8　工具领用记录表

序号	工具名称	单位	数量	领用日期	领用人签名	归还日期	备注
1							
2							
3							
4							
5							

3）安装作业前应检查工具设备，确认电动工具、电焊设备绝缘良好，缆线无破损；确认起重设备、气割设备无损坏，损坏的工具设备要修理好再使用。

工作步骤

步骤一：准备工作

1）由 6 人组成一个小组，选出一名组长。

2）明确分工。

步骤二：安全劳动保护用品的使用

1）认识各种安全劳动保护用品，如安全帽、护目镜、耳塞、工作服、袖套、手套、安全鞋、安全带等。

2）学习正确穿戴安全帽、工作服、安全鞋、安全带等的方法，如图 1-4 所示。

步骤三：学习使用手动或电动工具

在教师的指导下，学习使用各种手动和电动工具。

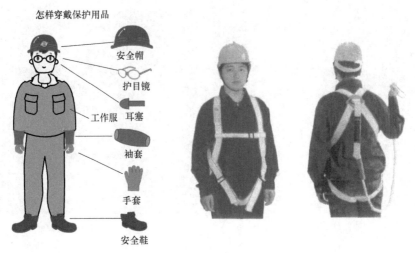

图 1-4　正确穿戴安全帽、工作服、安全鞋、安全带

阅读材料

阅读材料 1.2：常用的手动、电动工具的使用方法和注意事项

学员应该能够熟练使用常用的手动及电动工具，正确的使用方法及安全注意事项介绍如下。

1. 手锯

正确选用锯条，例如锯切实心或厚的软金属用粗齿（每 25mm 14～18 齿）；工具钢、铁管、硬金属等用中齿（每 25mm 19～23 齿）；而细齿（每 25mm 24～32 齿）则适用于金属板、金属管、细铁条的锯切。要向前推锯，拉回时再轻轻提起。

2. 扳手

① 应按工作性质选择适当尺寸的扳手。

② 使用活扳手时应向固定边施力，绝不可朝活动边用力。

③ 扳手开口若有磨损或使用时有打滑现象，则不可再继续使用，以免打滑伤手。

④ 不可将扳手当作铁锤敲击。

⑤ 不可在扳手手柄端再套上管子来增加扳手的扭力。

3. 钳子

① 钳子仅用于扣紧、嵌入与移去各种插销、钉子，以及切断或扭紧各种电线。

② 钳子不能用于旋紧或敲打螺栓或螺母。

③ 不可以用钳子把手处敲打，不可用加长手柄的方式来增加夹紧或切断的力量。

4. 手提电钻

① 选用符合规格型号的钻头。

② 在起动电钻开关前，一定要握牢电钻。

③ 电钻在不用时或更换钻头时应关掉电源。

④ 施工结束时应先卸下钻头。

⑤ 对钻头施压，力量要适中，力量太大可能折断钻头或降低钻头运转速度，力量太小则钻头容易磨损。在快钻穿时，用力一定要轻，以便顺利穿孔。

⑥ 钻削小型工件时，工件应用夹具固定，绝不可用手握持工件钻削。

⑦ 使用电钻时勿穿着宽松衣服。

5. 手提砂轮

① 使用前先检查砂轮是否破裂，是否存在转动不正常、磨盘不平衡、护罩松动等情况。

② 研磨时必须戴护目镜。

③ 应避开砂轮旋转的方向，以防飞屑或砂轮碎片喷溅伤及操作人员及周围人员。

④ 砂轮电源切断后，不可用其再磨削，更不可以磨削方式加速砂轮停转。

6. 电烙铁

① 电烙铁尖端应保持清洁，不可附着杂物。

② 不可敲打电烙铁，以免绝缘磁管破裂而漏电。

③ 焊接电子元器件时应使用40W以下的电烙铁。

④ 电烙铁尖端温度较高，应注意远离避免烫伤，避免将其靠近易燃物引起火灾。电烙铁不用时应放置在支架上。

学习子任务1.3　电梯技术资料准备及电梯零部件核对

基础知识

1. 电梯技术资料准备

电梯技术资料对于电梯安装的质量起着关键性的作用。电梯技术资料就是完成电梯安装工作的指引及标准，是判定安装后的电梯是否符合验收要求的依据。电梯技术资料（随机文件）一般随电梯配件一起发货，电梯技术资料根据不同的梯型有不同的要求，但以符合国家标准为最终原则。

2. 开箱清点电梯零部件

电梯到场卸货后，与客户联系库房存放电梯部件及安装工具，要求库房环境干爽、门窗完好、防盗防火。库房应设置在便于人员作业的地方。库房是客户的财产，要注意爱护，不能损坏建筑结构、装饰表面及其附属设施。

卸货完毕后应三方（即厂家项目经理或监督、业主代表和安装单位）共同参与开箱点货。首先清点电梯随机技术文件，根据装箱单及有关资料核对所有零部件和安装物料是否完好、齐全；然后检查发货清单是否与发出的货物一致，发现损坏或缺件应记录并上报公司，办理有关的补缺件手续，重要零部件的损坏或漏缺应用照片说明。

开箱检查完后三方签字确认，并将电梯主要机件搬运到安装位置附近存放，其余零部件按要求放入库房。

工作步骤

步骤一：准备工作

1）6人为一组，选出一名组长。

2）明确分工。

步骤二：检查电梯技术资料

检查电梯技术资料是否齐全，见表1-9。

表1-9　电梯技术资料

序号	名　称	份数	备　注
1	电梯电气、机械随机图样	2	安装用1份
2	电梯元件代号明细表	2	安装用1份
3	电梯使用维护说明书	2	安装用1份
4	电梯安装调试手册	1	
5	电梯机房、井道土建布置图	1	
6	产品部件装箱清单	1	
7	产品质量合格证	1	
8	随机备件清单	2	安装用1份

随机文件除规定的安装用外，其余应在电梯移交时交予客户，故应注意保管。

步骤三：识别电梯零部件

开箱清点电梯零部件，识别各零部件的名称、类型及安装位置，见表1-10～表1-12。

表1-10　电梯机房主要部件及其安装部位

序号	部件名称	类　型	安装部位
1	曳引机	有齿轮曳引机	架设在机房承重梁上
2	制动器	卧式电磁制动器	装在电动机的旁边,即电动机制动轮上
3	减速箱	涡轮蜗杆减速箱	装在曳引电动机转轴和曳引轮轴上
4	联轴器	弹性联轴器	设在曳引电动机轴与减速箱蜗杆端的会合处
5	曳引轮	凹形槽曳引轮	装在减速箱上
6	导向轮	U形螺栓固定导向轮	装在曳引机机架上
7	限速器	刚性限速器	装在机房地面,一般在轿厢左后角或右前角
8	曳引(钢丝)绳	8×19S 钢丝绳	在机房穿绕曳引轮、导向轮一边接轿厢,另一边连接对重(曳引比为1∶1)
9	控制柜	控制柜	机房

表1-11　电梯井道主要部件及其安装部位

序号	部件名称	类　型	安装部位
1	轿厢	客梯	在曳引绳的下端,并通过曳引绳与对重装置的一端相接
2	导轨	T形导轨	架设在井道内
		空心形导轨	
3	导轨支架	L形导轨架	装在井道壁上
4	对重装置	无对重轮式(曳引比为1∶1)	相对轿厢悬挂在曳引绳的另一端
5	缓冲器	液压式	安装在井道底坑

（续）

序号	部件名称	类　型	安装部位
6	上端站保护装置	上终端换速位开关	井道上端站附近
		上终端限位开关	
		上终端极限开关	
7	下端站保护装置	下终端换速位开关	井道下端站附近
		下终端限位开关	
		下终端极限开关	
8	平层感应器	光电开关	安装在轿顶
9	层门	中分式	各层电梯入口

表 1-12　电梯轿厢主要部件及其安装部位

序号	部件名称	类型	安装部位
1	轿门	中分式轿门	设在轿厢入口处
2	导靴	滑动导靴	轿厢导靴安装在轿厢上梁和轿厢底部安全钳座下面,对重导靴安装在对重架上下部
3	安全钳	渐进式	轿厢的底架上
4	称重装置	轿底称量式	设置在轿厢底
5	自动门机构	中分式	设置在轿门上方一角门接合处

阅读材料

阅读材料 1.3：电梯的主要国家标准和规定

1）GB 7588—2003《电梯制造与安装安全规范》。

2）GB/T 10060—2011《电梯安装验收规范》。

3）GB 16899—2011《自动扶梯和自动人行道的制造与安装安全规范》。

4）GB/T 10058—2009《电梯技术条件》。

5）GB/T 10059—2009《电梯试验方法》。

6）GB/T 7024—2008《电梯、自动扶梯、自动人行道术语》。

7）GB/T 30560—2014《电梯操作装置、信号及附件》。

8）GB/T 12974—2012《交流电梯电动机通用技术条件》。

9）JG 5071—1996《液压电梯》。

10）GB 25194—2010《杂物电梯制造与安装安全规范》。

11）TSG T5002—2017《电梯维护保养规则》。

学习子任务 1.4　机房井道土建情况勘察

基础知识

根据电梯井道和机房布置图测量：井道预留孔、预埋件、底坑深度、顶层高度、提升高度、层站数、层门形式、井道内净空尺寸、底坑情况（是否悬空等）、机房高度、机房承重梁设置和吊钩位置等是否与图样相符。机房内应通风良好，并有足够的照明，机房应设置独立的三相五线电源供电梯调试和试运行。特别要注意电梯安装动工前，应在当地有关政府管理机构办理申报手续，获批准后方可施工。当土建情况与图样要求有较大偏差时，应要求客户督促土建方尽快按图样要求进行修改。

工作步骤

步骤一：准备工作

1）6人为一组，选出一名组长。

2）明确分工。

步骤二：准备勘察工具

机房井道土建情况勘察必须配备足够的测量工具，勘察工具见表1-13。

表1-13　勘察工具表

序号	工具名称	规格	数量	用　　途
1	皮尺	50m	1件	测量井道总高度、提升高度
2	钢卷尺	5m	1把	测井道、机房深度及机房高度
3	钢丝	φ1mm	50m	测井道垂直误差
4	吊锤（重砣）	3~5kg	1个	测井道垂直误差时绷直钢丝用
5	强光手电筒	—	1个	勘测照明用
6	万用表	—	1块	测接地线排对地电阻
7	油桶	10L	1个	阻尼钢丝吊锤晃动

步骤三：勘察机房的土建情况

应了解土建结构，熟悉现场勘察的内容及相关标准。佩戴安全保护用品、带齐测量工具对机房、井道现场进行全面勘察，并且根据表1-14、表1-15进行记录核对及拍照记录，便于日后取证。

表1-14　电梯机房土建交验记录表

工程单位		安装位置		检验日期		年　月　日
"土建"布置图号	GZ/2014-002		同机房电梯台数		一台	
"土建"施工图号	GZ/2014-003		同井道电梯台数		一台	
本机房所处位置	5层		井道的最高端站位于5层，最低端站位于1层			
序号	项目		质量要求			检验结果
1	结构形式及布置		按图			
2	内空间尺寸：长×宽×高（mm）		3000mm×2500mm×2300mm			
3	楼地面（工作平台）上方净高		≥2m			
4	通道和搬运空间		畅通			

（续）

序号	项目	质量要求	检验结果
5	人员进入机房	空间足够	
6	建筑材料	经久耐用,不易产生灰尘	
7	地板材料及承重	防滑,满足"土建"布置图,承重正常载荷	
8	预留起重吊环	材质:钢筋	
		规格尺寸:φ20mm	
		承载力:4000kg	
9	承重墙(墩、梁)位置尺寸	按图	
10	楼板预留孔洞位置尺寸	按图	
11	预埋电线管及其套管或砌筑管线过槽	按图	
12	防风雨,防渗漏	功能良好,满足电梯安装施工要求	

施工学员： 施工班组长：

验收结论： 合格 年 月 日

表 1-15 电梯井道土建交验记录表

工程单位		安装位置编号		检验日期	年 月 日
序号	项目	质量要求		检验结果及整改	
1	结构形式及布置	按图			
2	总高度	按图			
3	图最小净空:宽(mm)×深(mm) L——电梯行程,本井道中电梯最大行程 $L=$ m	按图			
		允许偏差:0～35mm(30m<L≤60m 时)			
4	层门洞位置和尺寸:宽(mm)×高(mm)	按图			
5	顶层(上端站楼板至井道顶板)高度(mm)	按图			
6	底坑深度(mm)	按图			
7	防渗漏水	功能良好,且底坑内不得有积水			
8	底坑下面人员防护空间(当底坑下面有人时可达到的空间)	对重缓冲器下设延伸到坚固地面的实心桩墩(在对重侧设安全钳装置的除外)			
9	水平面基准标识	每层楼面设置			
10	层门洞位置和尺寸:宽(mm)×高(mm)	按图			
11	电梯安装前预留层门洞的围封	围封高度 1.2m,且有足够强度			
12	呼梯按钮预留孔洞的位置尺寸:宽(mm)×高(mm)	按图			

（续）

序号	项目	质量要求	检验结果及整改
13	楼层显示器预留孔洞的位置尺寸:宽(mm)×高(mm)	按图	
14	井壁、底坑板、顶板、隔离保护装置	强度应满足要求,不易产生灰尘,且为非燃烧材料	
15	混凝土(钢)梁间距(m)	按图	
16	井壁预埋钢板位置	按图	

施工员:	施工组长:

验收结论:	合格	年　　月　　日

阅读材料

阅读材料 1.4：电梯施工前的准备工作

1. 落实现场的基本施工条件

了解设备的到货、保管情况，根据设备堆放安装现场的地理状况、距离，确定采取何种运输方式。了解土建单位有无可供利用的垂直提升设备（要求提升高度到机房，设备提升重量必须超过单台曳引机毛重），确定电梯大件的吊运方式。

落实现场的材料、工具存放情况，一般要求在井道附近的房间，面积约为 $15m^2$，门窗齐全，底层、顶层各一间。

提供的施工临时用电必须是三相五线制，且容量应满足施工用电和电梯试运转的需要，电源应引到机房内，并设置开关。

落实建设单位、土建单位现场联系人，并熟悉现场办公室位置、现场配电房、医疗站、保卫处、食堂、火警报告处和灭火设施等。

2. 井道的基本施工条件

工地勘察应会同业主、总包、监理、建筑方一起进行，所查项目内容均需有记录、责任人及限期整改日期。

工地勘察必须按照电梯土建图的资料要求检查下列各点：

货物和工作人员进出路线与场地；底坑的深度和清理；层门开口的尺寸（宽度、高度）是否有误差和是否安装固定孔；是否有导轨支架的安装预埋件或在其安装位置是否是钢筋混凝土结构；是否有各楼层的标高和大楼基准线；在最高楼层处机房混凝土楼板下的高度；在机房混凝土地板上混凝土基础的固定孔安装位置是否正确；安装设备的吊钩是否符合要求；机房的高度是否符合要求；机房门开门方向是否正确（开门方向朝外）；机房的电力供应是否正常等。

评价反馈

1. 自我评价（40分）

由学生本人根据学习任务完成情况进行自我评价，将评分值记录于表1-16。

表 1-16 自我评价表

学习任务	项目内容	配分	评 分 标 准	得分
学习任务 1	1. 安装队伍的组建	10 分	1. 安装队伍组成不合理(扣 1~5 分) 2. 安装队伍人员工作内容不合理(扣 1~5 分)	
	2. 安全意识	10 分	1. 没有掌握安全操作规程(扣 3 分) 2. 不会正确使用工具(扣 3 分) 3. 使用后的工具存放不整齐(扣 2 分) 4. 不会制订施工与安全工作计划(扣 2 分)	
	3. 安装地盘检查	50 分	1. 填写"工地检查报告表"不正确(扣 1~10 分) 2. 填写"电梯设备进场开箱检验记录表"不正确(扣 1~20 分) 3. 填写"电梯安装施工计划进度表"不合理(扣 1~10 分) 4. 填写"脚手架验收记录表"不正确(扣 1~10 分)	
	4. 安装前开箱检查及清点部件	20 分	1. 不认识机房部件名称及类型和部件安装的位置(扣 1~10 分) 2. 不认识井道部件名称及类型和部件安装的位置(扣 1~10 分)	
	5. 机房井道土建情况勘察	10 分	1. 填写"电梯机房土建交验记录表"不正确(扣 1~5 分) 2. 填写"电梯井道土建交验记录表"不正确(扣 1~5 分)	
			总评分 =(1~5 项得分之和)×40%	

签名：_____ ____年____月____日

2. 小组评价（30 分）

由同一实训小组的同学结合自评的情况进行互评，将评分值记录于表 1-17 中。

表 1-17 小组评价表

项 目 内 容	配分	评分
1. 实训记录与自我评价情况	30 分	
2. 完成实训工作任务的质量	30 分	
3. 互相帮助与协作能力	20 分	
4. 安全、质量意识与责任心	20 分	
总评分 =(1~4 项得分之和)×30%		

参加评价人员签名：_____ ____年____月____日

3. 教师评价（30 分）

由指导教师结合自评与互评的结果进行综合评价，并将评价意见与评分值记录于表 1-18 中。

表 1-18 教师评价表

教师总体评价意见：

教师评分(30 分)	
总评分 = 自我评分 + 小组评分 + 教师评分	

教师签名：_____ ____年____月____日

任务小结

本任务的机房井道土建勘察工作是电梯安装工程的前期工作，是影响安装工期的重要因素，如果勘察工作不到位可能导致安装工程的失败。土建勘察有三个重点：一是提早勘察，在电梯施工前完成土建整改，以免产生误工；二是土建中不符合标准的地方以文件形式通知客户，督促客户安排土建方及时整改；三是根据设计图样要求的电梯井道布置图进行勘察，该井道布置图能正确地对应该电梯参数。

思 考 与 习 题

1-1　问答题

1. 进入施工现场，如何做好住宿和仓库建设、用水用电、井道防护等工作？

2. 电梯安装前现场土建应做哪些勘测？

3. 电梯安装人员在施工前如何制订施工技术与安全工作计划？

4. 电梯安装过程中，对安全使用设备和保护人身安全应做出哪些预案？

5. 施工结束后，如何做好工具清点、井道防护及完成施工记录？

1-2　试述对本学习任务与实训操作的认识、收获与体会。

学习任务2

电梯安装施工的起重作业

任务分析

通过本任务的学习，了解电梯安装施工中的起重作业。

建议学时

建议完成本任务为 6~8 学时。

任务目标

应知

1）了解电梯安装的起重设备与安全注意事项。

2）理解电梯安装施工中主要部件吊运作业的程序和存放要求。

应会

初步学会编排电梯主要部件的吊运与存放施工作业计划。

学习子任务 2.1　电梯安装的起重设备和安全知识

基础知识

1. 电梯安装的起重设备和工具

在电梯安装施工过程中，要进行一些必需的起重作业，这些起重作业又可分为两类：第一类是将制造厂出厂电梯的各大部件从电梯配送车卸至指定位置。这一类工作通常是由电梯安装单位发包给专业起重单位来完成。起重单位会派出起重车，将到货的电梯部件吊装卸货到指定位置，如图 2-1 所示。

第二类是在具体安装过程中，需将电梯各部件按照要求精确定位，并校正其水平度、垂直度、中心线等定位尺寸要求。这是由电梯安装人员通过卷扬机、手拉葫芦、千斤顶、起重滑轮、绳索和撬棒等在现场按具体要求吊装完成的，如图 2-2 所示。

2. 起重设备和工具的工作特点

1）起重设备和工具是吊运重物的工具，是一种间断、循环反复运作的工具。多数起重

21

a) 起重车

b) 电梯配送货车

c) 卸货

图 2-1 起重车卸货

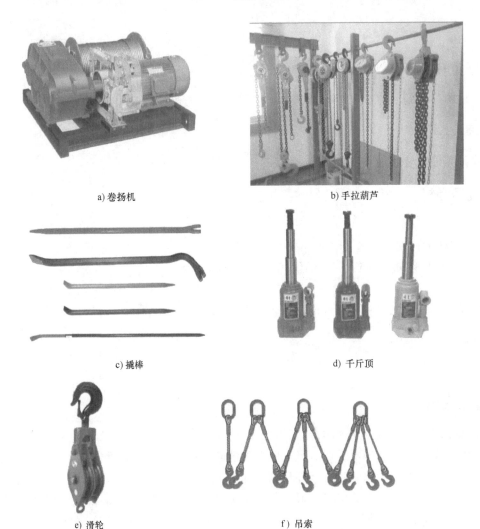

a) 卷扬机

b) 手拉葫芦

c) 撬棒

d) 千斤顶

e) 滑轮

f) 吊索

图 2-2 吊运工具

工具在吊具取料之后即开始垂直或垂直兼有水平的工作行程,到达目的地后卸载,再空行程到取料地点,完成一个工作循环,然后再进行第二次吊运。一般来说,起重工具工作时取料、运移和卸载是依次进行的,各相应机构的工作是间断、循环反复运作的。

2）起重工具通常机构简单，能完成起升运动和水平运动。

3）起重设备或工具所吊运的电梯部件多种多样，载荷是变化的。有的重物重达几百千克乃至几吨，有的物体长达10米，形状也很不规则，并有锋利的边角，吊运过程复杂而危险。

4）起重设备和工具暴露的、活动的零部件较多，且常与吊运作业人员直接接触（如吊钩、钢丝绳等），潜伏许多偶发的危险因素。

5）起重设备和工具的作业环境复杂。建筑工地作业场所常常会遇有高温、高压、易燃易爆、输电线路、强磁等危险因素，对设备和作业人员形成威胁。

6）起重作业中常常需要多人配合、共同进行，要求指挥、捆扎、驾驶等人员配合熟练、动作协调、互相照应。组长应有处理现场紧急情况的能力。其他人员之间的密切配合，通常存在一定的难度。

3. 起重作业安全知识

1）作业前，要对整个作业活动可能产生的危险因素进行识别，编制控制危险因素的安全技术规范和措施，并向相关人员交代安全技术规范，做到四个明确：工作任务明确、施工方法明确、吊装物体质量明确、作业中的安全注意事项明确。

2）在吊装工作中，必须坚守工作岗位，做到思想集中，听从调配和指挥。

3）需要进入生产运行区域进行作业时，必须取得相关方的同意，并遵守相关方的管理制度和规定。

4）禁止在运行的管道、设备以及不坚固的构筑物上捆绑链条葫芦、滑轮和卷扬机等作为起吊重物的承力点。

5）各种重物放置要稳妥，以防倾倒和滚动。

6）遵守安全规程，正确使用劳动保护用品、用具。

7）起重作业是一个多人配合完成的集体作业，必须培养团队精神，协同完成工作任务。

工作步骤

步骤一：实训准备

先由指导教师对电梯安装起重设备和工具的使用与安全规定做简单介绍。

步骤二：认识电梯安装起重设备和工具

学生以6人为一组，在指导教师的带领下到电梯安装施工现场，观察各种起重设备和工具的基本结构、性能和使用方法，然后将学习情况记录于表2-1中。

表 2-1　电梯安装起重设备和工具学习记录表

序号	起重设备和工具名称	类　型	相关记录
1			
2			
3			
4			
5			

（续）

序号	起重设备和工具名称	类 型	相关记录
6			
7			
8			

注意：实训过程要注意安全。

步骤三：学习电梯起重作业安全知识

学生阅读电梯起重设备和工具的使用管理规定和操作安全知识，将学习情况做记录（可自行设计记录表格）。

步骤四：总结和讨论

学生分组讨论：

1）认识电梯安装起重设备和工具及学习安全知识的结果与记录。

2）口述所观察的电梯安装起重设备和工具的安全操作方法；再交换角色，反复进行。

阅读材料

阅读材料 2.1：起重作业"十不吊"

以下十种情况严禁进行起重吊运作业：

1）被吊物质量超过机械性能允许承受范围。

2）信号不明。

3）被吊物下方有人。

4）被吊物上方有人。

5）被掩埋的物品。

6）斜拉、斜牵、斜吊。

7）散物捆扎不牢。

8）零散小物件无容器。

9）被吊物质量不明，吊索具不符合规定。

10）有六级以上大风时。

阅读材料 2.2：起重手拉葫芦使用须知

1）在使用时严禁超载，也不能用除人力以外的其他动力操作。

2）在使用手拉葫芦前一定要确认机件是否完好无损，传动部分及起重链条的润滑是否良好，空转情况下是否正常。

3）在起吊前要检查上下吊钩是否挂牢，严禁重物吊在尖端等错误操作。

4）手拉葫芦起重链条应垂直悬挂，不能有错扭的链环，双行链的下吊钩架也不得翻转。

5）起吊重物时操作者应站在与手链轮同一平面内拉动手链条，手链轮要顺时针方向旋转，重物方可上升。

6）反向拉动手链条，重物就会缓慢下降。在重物起吊时，人员不能在重物下做任何工作或行走，以免发生安全事故。

7）在重物起吊过程中，无论重物上升或下降，拉动手链条时力度要均匀和缓慢，千万不要用力过猛，以免手链条跳动或卡环。

8）如发现手拉力大于正常拉力时，应立即停止使用。

学习子任务2.2　电梯主要部件的吊运

基础知识

1. 需要吊运的电梯主要部件

电梯的主要部件在清点后，都会吊运到安装位置附近存放。通常要求吊运的主要部件有以下几部分：

1）曳引机（包括曳引电动机、减速器、曳引轮、制动器及其主机座）、控制屏（或控制柜）、承重钢梁、限速器、线槽、电缆线、钢丝绳，应吊运至机房内指定位置，如图2-3所示。

2）轿厢架、轿底、轿顶、轿壁、安全钳、导靴、门机等部件，应吊运至电梯最高楼层的层站处，如图2-4所示。

a) 曳引机

b) 钢丝绳

c) 控制柜

d) 限速器

e) 主机座

图2-3　要求吊运的机房部件

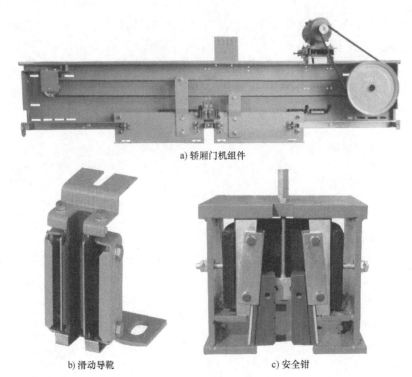

a) 轿厢门机组件

b) 滑动导靴

c) 安全钳

图 2-4　要求吊运的井道部件

3）对重架、对重块、缓冲器、导轨、限速器张紧装置，应吊运至电梯井道底坑内和最底层层门附近，如图 2-5 所示。

a) 对重架

b) 对重块

c) 油压缓冲器

d) T形导轨

e) 张紧绳轮装置

图 2-5　要求吊运的底坑部件

2. 部件存放的位置

主要部件吊运位置的分配如图 2-6 所示。

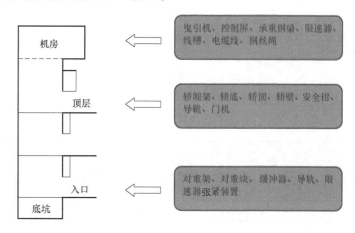

图 2-6 主要部件吊运位置

3. 电梯部件的存放要求

1）开箱清理、核对过的部件要合理放置和保管。避免不必要的重复搬运，或不妥善堆放时楼板局部承受过大的载荷而压坏，或造成电梯部件受不当重压而变形。

2）电梯曳引机必须整体吊运进入机房，严禁拆卸解体后吊运，如塔吊已拆除，可在屋顶架起人字爬杆，沿外墙将设备吊运到屋顶，再引入机房，也可用卷扬机将设备从电梯井道内吊到顶层，再从楼梯斜面将设备牵引进入机房。

3）可以根据电梯部件的安装位置和安装作业的要求就近堆放，尽量避免部件的二次搬运，以便安装工作顺利进行。控制柜、限速器、曳引机、工字钢均搬入机房，轿厢所有部件搬运至顶层，层门、地坎、立柱应各层堆放。对重架、缓冲器、导轨运到底层，对易变形部件，如导轨、门扇、轿壁等应平放垫实，易损部件、电气材料应搬入材料房并妥善保管。

4）导轨的堆放如图 2-7 所示。导轨是保证电梯运行平稳的重要部件，导轨应存放在一楼井道层门口附近，为防止导轨放置不当造成变形，首先应在地面上放置三根木挡，导轨放置在木挡上，二层导轨之间均用木挡隔开，且各层木挡在同一垂线上，使各层导轨重力全部通过木挡传至地面，避免导轨受力变形。

5）其他零部件的堆放。电梯零部件开箱后应全部放入现场临时仓库，仓库设货架。如果是在同一工地有多台电梯同时安装，应按照不同的电梯合同号和安装部位分别存放在货架上，这样既可防止零部件放置在地面被水浸湿锈蚀，也便于安装中查找拿取，缩短寻找时间，提高安装工作效率。

图 2-7 导轨的堆放

工作步骤

步骤一：实训准备

先由指导教师对电梯主要部件的吊运和存放规定做简单介绍。

步骤二：认识电梯安装起重设备和工具

学生在指导教师的带领下到电梯安装施工现场，观察电梯主要部件的吊运与存放过程和方法，然后将学习情况记录于表2-2中。

表2-2　电梯主要部件的吊运与存放学习记录表

序号	部件名称	吊运方法	存放地点	相关记录
1				
2				
3				
4				
5				
6				
7				
8				
9				
10				
11				
12				

注意：实训过程要注意安全。

步骤三：总结和讨论

学生分组讨论：

1) 观察电梯主要部件的吊运与存放的结果与记录。

2) 口述所观察的电梯主要部件吊运与存放操作方法；再交换角色，反复进行。

3) 依据观察的过程，编制一份电梯主要部件吊装与存放的施工作业计划。

评价反馈

1. 自我评价（40分）

由学生本人根据学习任务完成情况进行自我评价，将评分值记录于表2-3中。

表2-3　自我评价表

学习任务	项目内容	配分	评 分 标 准	得分
学习任务2	1. 电梯安装起重设备和工具的认识	30分	1. 依据认识的程度酌情给分 2. 观察后仍不认识某种主要的起重设备（工具）的用途、性能和使用方法，可酌情扣5~20分	
	2. 学习起重作业安全知识	30分	1. 依据理解的程度酌情给分 2. 学习后仍不理解电梯安装施工起重作业的主要安全规定，可酌情扣5~20分	

（续）

学习任务	项目内容	配分	评 分 标 准	得分
学习任务2	3. 电梯主要部件的吊运与存放	40分	1. 依据认识的程度酌情给分 2. 观察后仍不认识主要部件的吊装程序或存放要求的,可酌情扣 5～20 分 3. 能够正确编制吊装与存放施工作业计划的,可考虑加 5～10 分(总分不超过本项的总分 40 分)	
			总评分 = (1～3 项得分之和)×40%	

签名: ＿＿＿＿＿＿＿＿＿＿ ＿＿年＿＿月＿＿日

2. 小组评价（30分）

由同一实训小组的同学结合自评的情况进行互评,将评分值记录于表 2-4 中。

表 2-4 小组评价表

项 目 内 容	配分	评分
1. 实训记录与自我评价情况	30分	
2. 完成实训任务的工作质量	30分	
3. 互相帮助与协作能力	20分	
4. 安全、质量意识与责任心	20分	
总评分 = (1～4 项得分之和)×30%		

参加评价人员签名: ＿＿＿＿＿＿＿＿＿＿ ＿＿年＿＿月＿＿日

3. 教师评价（30分）

由指导教师结合自评与互评的结果进行综合评价,并将评价意见与评分值记录于表 2-5中。

表 2-5 教师评价表

教师总体评价意见:

教师评分(30 分)	
总得分 = 自我评分 + 小组评分 + 教师评分	

教师签名: ＿＿＿＿＿＿＿＿＿＿ ＿＿年＿＿月＿＿日

阅读材料

阅读材料 2.3: 人力搬运重物的操作注意事项

1) 由两人以上共同工作时,必须指定工作指挥人员,而工作指挥人员必须确定安全工作的安排,让工作人员知道工作的顺序、要领、手势、信号等。

2) 倘若在要提举的负荷物上发现锐利的边缘、突出的铁钉、铁线或碎片,则应戴上手套。

3）工作负责人须确认重物的质量、数量、工作方法、搬运及起重装置设备等与工作人员有关的情况。

4）在工作前须检查重物放置的地点、搬运、起重所经的途径，确定没有洞口和障碍物及有其他物品落下等不安全因素。

5）安全人力提举程序：

① 工作人员应尽量接近负荷物，双脚稍微分开，其中一脚略前，并朝向移动的方向。

② 工作人员应把下颚贴近胸前并屈膝，同时保持背部平直。

③ 工作人员的臂肘应尽可能贴近身体，并以手掌及手指根部抓紧物件。

④ 工作人员应伸直膝部，利用大腿肌肉力量举起负荷物，经由膝部往上提举。

⑤ 到达目的地后，放下负荷物的过程是上述过程的逆序。

任务小结

本任务的主要要求是认识电梯安装施工中使用的各种起重设备和工具，了解其用途、性能和使用方法，并了解起重作业的相关安全知识。

在电梯安装前，全部零部件由制造厂家运送到现场，然后需要使用起重设备和工具将主要的、大型的部件吊装到指定地点存放；在电梯安装施工中，需要将电梯各部件按照要求精确定位，并校正其水平度、垂直度、中心线等定位尺寸要求，也需要使用起重设备和工具进行吊装作业。本任务需要掌握在安装前起重作业的程序与部件存放的要求。通过现场观察有初步的认识后，制订电梯主要部件的吊装与存放施工作业计划。

思 考 与 习 题

2-1 填空题

1. 在电梯安装施工中，需要将电梯各部件按照要求精确定位，并校正其水平度、垂直度、中心线等定位尺寸要求。这就需要使用_____、_____、_____、_____、_____和_____在现场吊装完成。

2. 在电梯安装起重作业前，需要做到的"四个明确"：_____明确、_____明确、_____明确和_____明确。

2-2 选择题

1. 电梯安装施工的起重设备和工具是（   ）工作的。

A. 连续   B. 间断   C. 连续和间断

2. 电梯安装施工中的起重作业是（   ）的作业。

A. 多人协作配合   B. 个人独立操作   C. 两人协同完成

3. 电梯的曳引机应吊装至（   ）。

A. 机房   B. 顶层   C. 底坑或最底层层门附近

4. 电梯的导轨应吊装至（   ）。

A. 机房   B. 顶层   C. 底坑或最底层层门附近

5. 电梯的安全钳应吊装至（   ）。

A. 机房   B. 顶层   C. 底坑或最底层层门附近

6. 电梯的缓冲器应吊装至（　　　）。

A. 机房   B. 顶层   C. 底坑或最底层层门附近

2-3 判断题

1. 可以在运行的管道、设备以及不坚固的构筑物上捆绑链条葫芦、滑轮和卷扬机等作为起吊重物的承力点。（　　　）

2. 电梯安装施工中需要起重作业的部件一般都是质量差异不大、形状比较规则的。（　　　）

3. 电梯的曳引机可以拆解后进行吊运。（　　　）

4. 电梯的导轨应按规定存放，以避免导轨受力变形。（　　　）

2-4 综合题

试编写一份电梯主要部件的吊装与存放施工作业计划。

2-5 试述对本学习任务与实训操作的认识、收获与体会。

学习任务3

脚手架的搭设

任务分析

通过本任务的学习，了解电梯安装施工中脚手架的搭设。

建议学时

建议完成本任务为 6~8 学时。

任务目标

应知

1）了解脚手架材料的选用、搭建标准。
2）掌握脚手架的平面布置、垂直布置和工作平台布置。

应会

1）能够安全使用脚手架。
2）学会安装搭建脚手架。

学习子任务 3.1　　脚手架材料的选用

基础知识

脚手架的主要材料为钢管和扣件，如图 3-1 所示。

1）脚手架一律使用 $\phi48mm$、壁厚 3.5mm 的钢管。
2）材质应符合碳素机构钢的技术要求。
3）管面不得有凹凸状、瑕疵点、裂缝和变形。
4）钢管必须有质量保证书、出厂合格证（可作为验收依据）。
5）两端切口必须平直，严禁有斜口、毛口、卷口等现象。
6）扣件采用可锻铸铁，符合 GB 15831—2006 规定。
7）所有扣件不得有裂缝、变形及不允许的缺陷。
8）所有扣件必须有质量保证书、出厂合格证（可作为验收依据）。

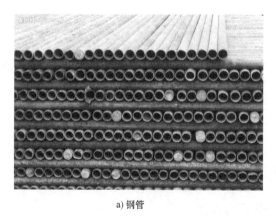 

a) 钢管   b) 扣件

图 3-1　脚手架的材料

工作步骤

步骤一：认识脚手架的材质

学生在指导教师的带领下到电梯安装施工现场，认识脚手架的材料，了解各配件的作用。

步骤二：分辨脚手架的质量

学生分组在教师的指导下，预先放置一些不合格品在现场，通过仔细查看和检查分辨脚手架各部件的好坏。

步骤三：选用脚手架

学生分组根据表 3-1 填写、检查及选用脚手架用料，并摆放整齐。

表 3-1　脚手架材料检查表

项目名称				
地址				
电梯型号			数量	1 台
脚手架施工单位			检查日期	年 月 日
序号	验收内容		检查结果	整改结果
1	管壁厚度			
2	管面凹凸状、瑕疵点、裂缝、生锈			
3	管面变形			
4	两端切口平直			
5	扣件不得有裂缝、变形、缩松			
6	扣件必须有质量保证书、出厂合格证			
验收人：			日期： 年 月 日	

相关链接

搭建脚手架的安全规范

1）不使用的脚手架扣件（包括构配件）应及时回收入库、分类寄存。露天堆放时，场地应平整，排水良好，下设支垫，并用苦布遮盖，配件、零件应寄存在室内。

2）凡弯曲、变形的杆件应先调直，损坏的构件应先修复，方能入库寄存，否则应更换。

3）要定期对脚手架的构配件进行除锈、防锈处置，凡湿度较大（相对湿度大于75%）的地域每年涂防锈漆一次，普通地区应两年涂刷一次。扣件要涂油。螺栓宜镀锌防锈，凡没有条件镀锌时，应在每次使用后用煤油清洗，再涂上机油防锈。

4）脚手架使用的扣件、螺母、垫板、插销等小配件极易丢失，在搭建时应将多余件及时回收寄存，在撤除时亦及时验收，不得乱扔乱放。

5）树立健全脚手架工具资料的领发、回收、维修制度，实行限额领用或租赁办法，以防丢失和人为损耗。

阅读材料

阅读材料3.1：导轨压导板的正确使用

导轨压导板是连接导轨和导轨支架的中间连接零件（见图3-2），其作用是将导轨固定在导轨支架上，保持轨距和阻止导轨相对于导轨支架的纵横向移动。为此压导板必须具有足够的强度、耐久性和一定的弹性，并能有效地保持导轨与导轨支架之间的可靠连接。此外，还要求压导板系统零件少，安装简单，便于拆卸。

图 3-2　导轨压导板

学习子任务 3.2　脚手架的安装和验收

基础知识

脚手架的组成和布置方式

脚手架搭设机构分别由立杆、横杆、支撑杆、攀登杆、隔离层组成，施工时必须由下往上逐层搭设。根据对重的安装位置，本书采用对重在轿厢后面的安装形式，如图3-3所示。

脚手架应安全稳固，钢管脚手架应用扣件将钢管固定牢固，其承载能力不应小于2500N/m²。安装载重量在3000kg以下时，单井道脚手架可采用井字形式，如安装载重大于3000kg或井道的截面尺寸较大，采用单井字式脚手架不够牢固时，可增加图3-3中所示的虚线，称为双井式脚手架。

脚手架立管最高点位于井道顶部下面1500~1700mm处为宜，以便以后稳定样板。顶层脚手架立管最好用四根短管，拆除此管后，余下的立管顶点应在最高层地坎托架下面500mm处，以便日后轿厢组装，如图3-4所示。

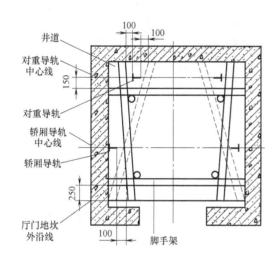

图3-3 对重后面布置形式（单位：mm）

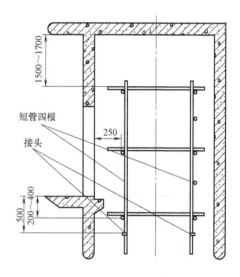

图3-4 顶层脚手架安装要求（单位：mm）

脚手架横杆的间隔一般在1800mm以下，一般以1200~1400mm为宜。为了便于安装作业，每层门地坎托架下面200~400mm处应设一挡横杆，为了攀爬的需要，在脚手架的任一侧的两挡横杆之间应加装一横杆，如图3-5所示。

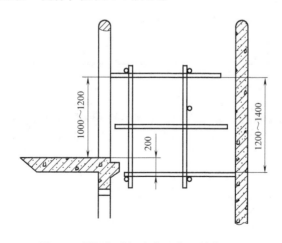

图3-5 层门脚手架安装要求（单位：mm）

脚手架每挡工作平台铺板面积不得小于整个平台的2/3，各层交错铺板，以减少坠落危险，工作平台板两端伸出排管 150～200mm，并与排管用 8 号镀锌钢丝绑牢，工作平台板的厚度应在 50mm 以上，严禁使用变质、强度不够的材料作为工作平台板，如图 3-6 所示。

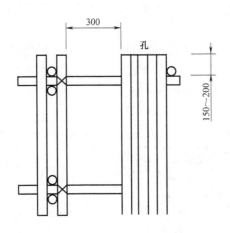

图 3-6　脚手板安装要求（单位：mm）

钢管脚手架应有可靠的接地，接地电阻应小于 4Ω。

由于安装电梯的需要，会有部分脚手架拆除，这时应该及时对留下的部分进行加固。

工作步骤

步骤一：观察脚手架的构成

学生在指导教师的带领下到电梯安装施工现场，观察脚手架的构成。

步骤二：学习搭建脚手架

学生分组在教师的指导下，在指定区域学习搭建脚手架（以适合高度为宜）。

步骤三：检查脚手架

学生分组根据表 3-2 检查脚手架是否符合要求（可用现成的脚手架进行检查）。

表 3-2　脚手架验收记录表

项目名称				
地址				
电梯型号			数量	台
脚手架施工单位			施工日期	年　月　日
序号	验收内容		验收结果	整改结果
1	脚手架用料是否符合工艺要求			
2	脚手架尺寸是否影响样板放线			
3	支撑杆横杆、攀登杆是否牢固			
4	安全平台需每 3 层设置 1 个			

（续）

序号	验收内容	验收结果	整改结果
5	安全平台是否牢固		
6	铁丝或尼龙扎带绑扎是否符合要求		
7	扎紧部位是否牢固		
8	层门口护栏是否牢固并符合要求		

验收人：　　　　　　　　　　　　日期：　　年　　月　　日

相关链接

搭建脚手架的相关安全知识

（1）搭建脚手架的安全规范

1）脚手架作为电梯安装的工作平台，应由专业单位、专业人员搭建。

2）严禁擅自拆除脚手架。确因作业需要临时变更局部脚手架时，应经充分论证；在作业完成后应迅速恢复原状。

3）搭建、拆除脚手架时应穿戴好个人的劳保防护用品。

4）脚手架应是牢靠的结构，脚手架踏板应可靠、固定。

5）脚手架爬梯应牢靠并安装扶手，方便安全上下。

6）不准将易燃易爆品放置在脚手架上。

7）严禁在脚手架上从事气割作业，或将脚手架钢管用作电焊作业接地回路。

8）拆除脚手架时，严禁将扣件或钢管向下抛掷，避免坠物伤人或损毁器材。

（2）电梯脚手架安全生产管理与维护

1）脚手架在使用过程中应每月进行一次安全检查和维护。

2）脚手架停用两个月以上的，在恢复使用前必须进行安全检查，只有在检查合格后方可使用。

3）电梯脚手架在施工过程中，如有安全事故发生，则应由现场指导教师组织指挥全体人员全力抢救事故中受伤人员，在第一时间拨打120急救电话，配合做好现场保护，并及时向学校及相关部门报告。

评价反馈

1.自我评价（40分）

由学生本人根据学习任务完成情况进行自我评价，将评分值记录于表3-3中。

表3-3　自我评价表

学习任务	项目内容	配分	评分标准	得分
学习任务3	1.脚手架材料选择	20分	1.不认识脚手架的材料标准（扣1~10分） 2.根据搭建脚手架的要求，不会选择合适的材料（扣1~10分）	

（续）

学习任务	项目内容	配分	评 分 标 准	得分
学习任务3	2. 安全操作规程	30分	1. 不按要求穿着工作服、戴安全帽、穿防滑电工鞋（扣1~10分） 2. 不按要求相互协作，做不到有问有答（扣1~10分） 3. 不按照搭建脚手架操作规则进行操作（扣1~10分）	
	3. 搭建脚手架工艺	50分	1. 搭设脚手架工艺不达标（扣1~20分） 2. 填写"脚手架检查记录表"不正确（扣1~10分） 3. 搭设的脚手架不牢固（扣1~20分）	
			总评分 = (1~3项得分之和)×40%	

签名：_____   ___年___月___日

2. 小组评价（30分）

由同一实训小组的同学结合自评的情况进行互评，将评分值记录于表3-4中。

表3-4 小组评价表

项 目 内 容	配分	评分
1. 实训记录与自我评价情况	40分	
2. 脚手架搭建的质量	40分	
3. 互相帮助与协作能力	10分	
4. 安全、质量意识与责任心	10分	
总评分 = (1~4项得分之和)×30%		

参加评价人员签名：_____   ___年___月___日

3. 教师评价（30分）

由指导教师结合自评与互评的结果进行综合评价，并将评价意见与评分值记录于表3-5中。

表3-5 教师评价表

教师总体评价意见：

教师评分（30分）	
总得分 = 自我评分+小组评分+教师评分	

教师签名：_____   ___年___月___日

阅读材料

阅读材料3.2：无脚手架的电梯安装流程简介

1）画线放样，并把准确的样板线（细钢丝）固定在上、下样板架上。

2）按样板线安装第1根轿厢导轨和第1根对重架导轨，并检验合格。

3）以检验合格的轿厢导轨为基准，在首层拼装轿厢架，调整好安全钳楔块拉杆、横杆连杆，并装上轿厢底框、花纹地板等相关的零部件。

4）在轿厢上横梁上端面铺设工作平台（用角钢或槽钢搭设框架、铺设 15cm 胶合板），并在周边安装孔上安装高 1.1m 的护栏（安装工艺制备件）。

5）在机房按机房井道布置图安装机房的设备及限速器，在底坑安装张紧轮等装置。

6）以校验合格的对重导轨为基准，拼装对重架，并预装上与轿厢架自重大致等重的对重块。

7）按电梯的设计规格（2∶1 绕法或 1∶1 绕法）穿好钢丝绳，并将对重架的绳头放到首层，安装在对重架上，制备完毕。

8）用手拉葫芦将制备好的对重架吊向机房，同时，边收紧对重架侧的钢丝绳，边拉下轿厢侧绳头，安装在轿厢架上，形成悬空的自平衡系统。

9）穿好安全钳-限速器连动钢丝绳。调整好在张紧轮上的紧度，再按规范调整好安全钳的活动间隙。

10）将曳引机接上临时的点动控制电源，即采用两个独立控制电路的双接触器电路，并增设电源开关和急停开关，且将限速器的电气开关串联接入主接触器控制电路。

11）点动驱动曳引机，使轿厢上升。施工作业人员站在轿厢平台上，自下而上从第 2 根导轨开始，逐根安装、校验轿厢导轨和对重导轨，直至合格。

12）当对重架与轿厢架等高时，将对重架在对重导轨内安装就位并检查对重架顶和轿厢架顶钢丝绳头连接的可靠性，确保安全。

13）井道部件安装完毕，将曳引机上的临时点动控制电路改换成电梯正式的控制电路及相关的安装工序，进入电梯品质调试工作。

任务小结

本任务学习脚手架的选材与安装方法、安装后的验收工作、日常维护检查步骤等。在电梯安装过程中，脚手架安全是最为突出的施工安全项目，因此脚手架工程施工及日常维护工作是非常重要的，必须加以严格的控制、管理和维护。

3-1 选择题

1. 脚手架一律使用 φ48mm、壁厚（　　）的钢管。

A. 3.5mm 　　　B. 2mm 　　　C. 1.5mm 　　　D. 0.5mm

2. 安装用脚手架工作平台的承载能力应大于（　　）。

A. 2150Pa 以上 　　　　　B. 2450000Pa 以上

C. 2500Pa 以上 　　　　　D. 2450Pa 以上

3. 采用钢管材质的脚手架要做好接地保护装置，接地电阻应不大于（　　）。

A. 2.5Ω 　　　B. 10Ω 　　　C. 4Ω 　　　D. 12Ω

4. 脚手架立管最高点位于井道顶部下面（　　）为宜，以便以后稳定样板。

A. 300～400mm 　　　　　B. 500～1300mm

C. 500~1000mm 　　　　　　　　D. 1500~1700mm

5. 脚手架每挡最少铺（　　　）的脚手板，各层交错铺板，以减少坠落危险。

A. 2/3 　　　　B. 1/3 　　　　C. 1/8 　　　　D. 1/6

3-2　综合题

1. 简述脚手架材料选用的要求。

2. 简述脚手架验收内容。

3-3　试述对本学习任务与实训操作的认识、收获与体会。

学习任务4

样板制作及样板放置

任务分析

通过本任务的学习，掌握电梯样板制作、样板放置与挂设基准线的基本操作步骤和注意事项。

建议学时

建议完成本任务为 8~10 学时。

任务目标

应知

1) 了解电梯样板的类型与组成。

2) 掌握电梯样板制作、样板固定与挂设基准线的基本操作步骤和注意事项。

应会

学会电梯样板制作、样板放置与挂设基准线的基本规范操作。

学习子任务 4.1　样板制作及安装

基础知识

1. 电梯样板的作用

电梯样板的作用是当安装主机、层门、轿厢、轿厢导轨、对重导轨等井道部件时，在井道内确定其安装的相互位置。

2. 电梯样板的类型

1) 样板根据安装位置不同分为上样板和下样板，其中上样板安装在井道顶部，下样板安装在底坑。

2) 样板根据结构可分为整体式和局部式，其中整体式结构严谨、扎实，不易整体变形；局部式制作简单，但稍受力就极易损坏。

3) 样板按对重位置分为对重后置式和对重侧置式，分别如图 4-1a、b 所示。

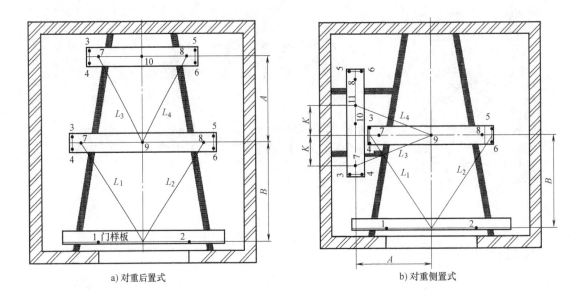

图 4-1 电梯的样板

3. 电梯样板架的组成

电梯样板架由出门样板（出入口样板）、轿厢样板、对重样板和木质或钢制的托架组成，如图 4-2 所示。

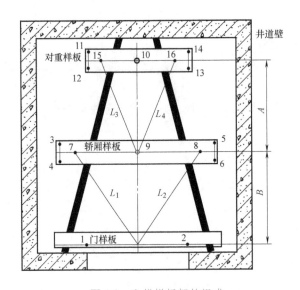

图 4-2 电梯样板架的组成

A—轿厢导轨与对重导轨中心距　B—轿厢门地坎与轿厢导轨中心距　1、2—层门样线落线点
3、4、5、6、11、12、13、14—导轨支架安装位置落线点　7、8、15、16—导轨校正落线点
9—轿厢曳引点　10—对重曳引点　$L_1 \sim L_4$—样板放置测量线段

4. 样板架的木料

1）样板架所用木料应为能长期工作且不易变形的硬质木料，单面刨平（见图 4-3a）。

2）样板架木料的尺寸可参见图 4-3b，其宽度不小于 150mm，厚度不小于 25mm（随着跨度的增加厚度相应增加）。

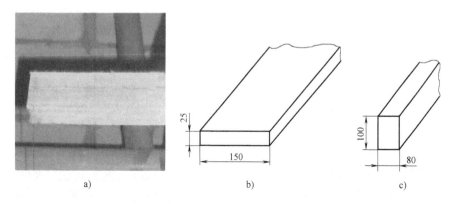

图 4-3 样板架用木料（单位：mm）

3）用截面积不小于 80×100mm² 的矩形木条作为门样板、轿厢样板、对重样板的支承底座，如图 4-3c 所示。

5. 样板固定的基本要求

样板安放的位置应该根据样板宽度在不影响放线的位置固定，样板固定的基本要求是：

1）样板离电梯井道顶、底坑地面均宜为 800～1000mm。

2）按整个井道高度的最小有效净空面积来安置。

3）其水平度应小于 5mm。

工作步骤

步骤一：实训准备

1）学生以 6 人为一组，在指导教师的带领下在现场制作样板，根据安装一台提升高度为 20m、5 层 5 站中分门的要求制作，安装采用角钢固定法。

2）制作样板架的材料及主要工具见表 4-1。

表 4-1 制作样板架的材料及主要工具

序号	工具、材料名称	规格	数量	用途
1	上样板架木材	80mm×40mm 60mm×50mm×2500mm	6 段	井道总高度低于 20m 时使用
2	下样板架木材	80mm×40mm 60mm×50mm×2500mm	8 段	
3	样板托架木材	10mm×100mm×2500mm	2 段	
4	钢丝	ϕ1mm	Nkg	根据井道总高度确定
5	吊锤（铁砣）	3～5kg	8 个	
6	铁钉	3in	0.5kg	
7	水桶	d400mm×400mm	8 个	（废机油桶、涂料桶）
8	U 形钉	1/2in	30 个	
9	角钢	50mm×50mm×5mm，长 400mm	4 段	
10	膨胀螺栓	12mm	10 套	
11	手提冲击钻	钻头 ϕ10～20mm	1 把	

步骤二：制作门（中分式门）样板

1）门样板线参见图 4-4，层门的中心线与轿厢中心线一致，L 为样板长度，1、2 为门口样板线落线点。

2）通常制作 2 件样板，分别用于上、下样板。

步骤三：制作轿厢导轨样板和对重导轨样板

轿厢导轨样板线参见图 4-5，其中 RG 为轿厢导轨距，h 为轿厢导轨高度；3、4、5、6 为导轨支架安装位置落线点，7、8 为轿厢导轨校正落线点，9 为轿厢曳引点，10 为对重曳引点；W 为导轨支架上的导轨固定孔距离，H 为样板宽度，L 为样板长度。对重后置导轨样板如图 4-6 所示。

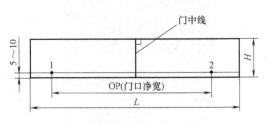

图 4-4 门样板（单位：mm）

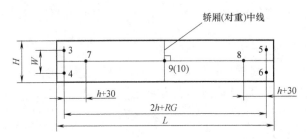

图 4-5 轿厢导轨样板（单位：mm）

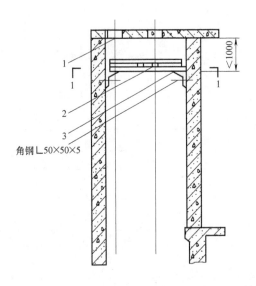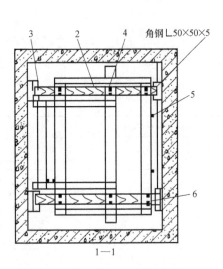

图 4-6 对重后置导轨样板（单位：mm）

1—机房楼板 2—上样板架 3—木梁 4—固定样板架螺钉 5—铅垂线 6—木楔块

步骤四：安装样板支撑座

样板支撑选用角钢固定方法。

1）角钢固定法多用于混凝土结构的电梯井道。以导轨支架或者 50mm×50mm×5mm 角钢固定，用 2 颗 M16 膨胀螺栓来固定每个托架，样板架的两根支撑座木梁应水平放置，连通水平管或用水平仪校正（见图 4-7）后，安放上样板。具体的固定方法如图 4-8 所示。

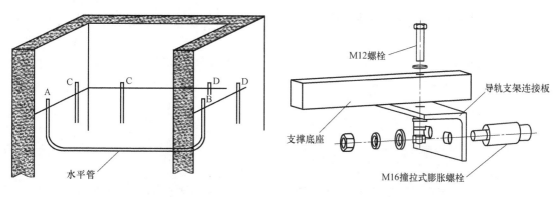

图 4-7　水平校正示意图　　　　　　图 4-8　支撑架角钢固定示意图

2）下样板架放置在电梯井道底坑以上高度约 800～1000mm 处，如图 4-9 所示，其支撑木梁一端顶在墙体上，另一端用木楔固定住，下端用立木方支撑。下样板的形状与上样板一样，其主要用于稳定铅垂线，防止样线晃动。

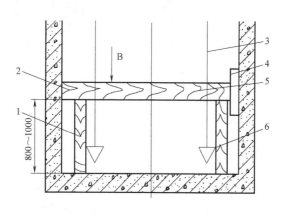

图 4-9　下样板架的放置图（单位：mm）
1—支撑立木　2、5—下样板支撑木　3—铅垂线　4—木楔　6—线坠

相关链接

样板的结构形式

1）常见样板的制作形式通常有整体式和直钉木条式两种，而整体式样板又分为对重在轿厢后面（见图 a）和对重在轿厢侧面（见图 b）两种，如图 4-10 所示；直钉木条式样板又分为对重在轿厢后面（见图 a）和对重在轿厢侧面（见图 b）两种，如图 4-11 所示。

2）层门样板的形式根据出入口开门的方式大体上分为中分门、旁开门和双开门 3 种方式，见表 4-2。表中 JJ 为开门净宽，L 为样板长度，H 为样板宽度。1、2 为门口样线落线点。M 为出入口中心线与轿厢中心线的偏移量。

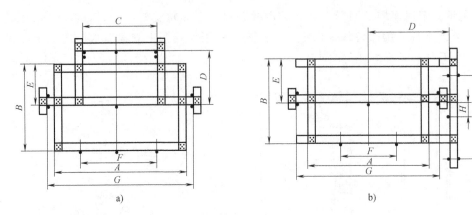

图 4-10 整体式样板

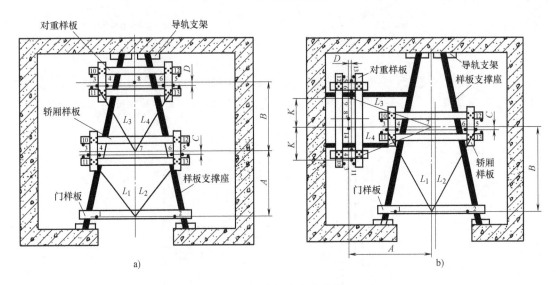

图 4-11 直钉木条式样板

表 4-2 层门样板的结构形式 （单位：mm）

样板形式	样 图	说 明
中分门样板		出入口中心线与轿厢中心线一致
旁开门样板		出入口中心线与轿厢中心线的偏移量为 M

（续）

样板形式	样　图	说　明
双开门样板	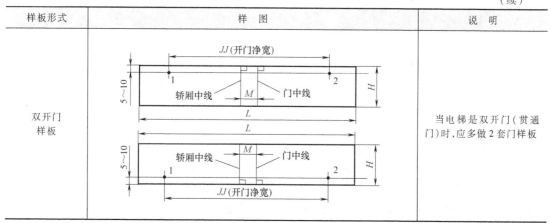	当电梯是双开门（贯通门）时，应多做2套门样板

学习子任务4.2　样板放置与测量调整

基础知识

在经过井道的测量并校准样板基准线、确定好样板的位置后，需要做样板就位挂设基准线工作。

常见样板的放置方式介绍如下。

（1）整体式样板

对于整体式样板，在固定好样板支撑座木梁后，就可以直接放置在木梁上，按照样板上标记的各处悬挂铅垂线，用直径0.4~0.5mm的钢丝悬挂上10~20kg的线坠，放到底坑，待铅垂线张紧稳定后，根据各层门及承重梁的位置，校正样板的正确位置后钉牢固定在木梁上。

（2）直钉木条式样板

直钉木条式样板的放置方式相对整体式样板要烦琐，需要分步安放：先根据土建图测量门样线到井道壁（前后左右）的距离，调整使位置符合数据要求后，固定上出入口门样架；再根据门样架依次固定主导轨样架、副导轨样架，最后复核各样线的数据，再固定下样架。

工作步骤

步骤一：井道测量及确定基准线

由于土建在对电梯井道施工时垂直误差一般较大，因此电梯安装前首先应进行井道测量，并根据测量结果，再考虑各层门与井道的配合和协调，从而逐步调整电梯样板架放线点，确定好电梯各部件安装位置。

1. 确定安装标准时应考虑的问题

1）井道内安装的部件如限速器钢丝绳、感应器遮光（隔磁）板等对轿厢运行无妨碍，同时要考虑轿门的运动空间与地坎及井道的间隙。

2）轿厢导轨支架面与墙的距离要合适：

导轨支架面与墙的距离 = 轿厢中心至墙面的距离－（轿厢中心至安全钳表面的距离＋导轨高度＋垫片厚度＋3mm）

3）对重最外侧距离井道壁应有不小于 50mm 的空隙。

4）各层门地坎位置与地坎托架本身宽度的误差应以多数为准，尽可能减少地坎托架或墙面的修凿量。要确保任一层门立柱安装后与墙壁间隙不大于 30mm。

5）对于有钢门套及镶有大理石门套的电梯，应考虑建筑物及门套建筑施工尺寸；确定层门安装位置时，要使门套与建筑配合协调一致；预制大理石门口与层门间隙要符合要求。

2. 井道测量顺序与方法

1）在井道最高层或邻近最高层的层门口地板上作出基准线，如图 4-12 所示。

2）按与基准线垂直的方向，向井道内引线段 a_1b_1、a_2b_2，使 $a_1b_1 = a_2b_2$，把 a_1、a_2 定为初步的轿门地坎边沿位置线。可从上样板向下样板施放通过 a_1、a_2 的铅垂线（即开门净宽线），张紧并固定该线。

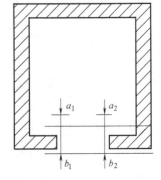

3）在各层门处，对井道平面尺寸、预留孔洞或预埋位置进行测量，如图 4-13 所示：

a_1、a_2——设定的轿门地坎边线至正面墙体内侧的距离；

b_1、b_2——设定的轿门地坎边线至地坎托架的距离；

c_1、c_2、d_1、d_2、e_1、e_2——设定的轿门地坎边线至井道左、右侧及后侧的距离；

I、J——门洞中线位置和门洞高度；

F、G、H——外呼板离地高度、外呼板与厅门门框距离、指示灯盒位置。

图 4-12 井道测量示意图一

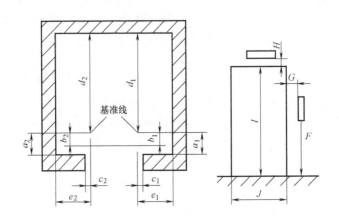

图 4-13 井道测量示意图二

3. 测量结果记录

将测量结果记录于表 4-3 中。

如果测得的数值与土建交工的纵、横轴线基本一致，则初步定位的样架就可进行正式定位；如果数值偏差较大，则需根据实测数据提出井道修补意见，待土建修补井道后重新放线和复测。

表 4-3　电梯井道测量记录表

层站 ＼ 测量部位	a_1	a_2	b_1	b_2	c_1	c_2	d_1	d_2	e_1	e_2	F	G	H	I	J
5															
4															
3															
2															
1															

步骤二：放置样板及挂设基准线

1）样板放置的具体顺序为：出入口门样板→轿厢导轨样板→对重导轨样板。

出入口门样板是井道全部装置的安装基准线，在放置样板时，应先放置，出入口门样板，此时整个样板的位置也就确定了，如图 4-14 所示。

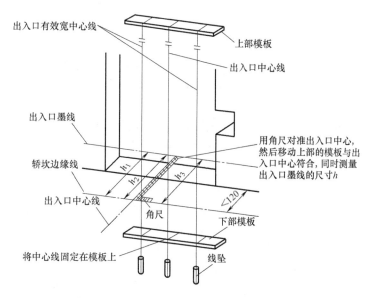

图 4-14　层门样线的放置（单位：mm）

2）出入口门样板放置的方法是一个"放置→测量→校正→放置"，经数次循环，直到所有尺寸都满足要求，接近理想位置为止。

3）出入口门样板上的样线如图 4-15 中 1、2 两点的连线，对应于电梯井道布置图中的轿厢地坎的边缘。设置出入口样板时，必须考虑有样板放下的门样线，除了其纵向位置必须满足各层门地坎、层门上门头支架和门套的安装尺寸要求以外，横向位置要在所有样板基本定好位置后，考虑轿厢导轨及层门的安装位置是否合适，对样板位置横向调整。

步骤三：再次确定各层门中心位置

1）以首层层门中心为基准测量到安装出入口墙的尺寸及地坎处、门头处 M_m、N_n，同时在各层都要实际测量并记录，如图 4-16 所示。

2）固定主导轨及对重导轨的中心线：

① 定好出入口样板后，先定位上部轿厢导轨样板，再定位上部对重导轨样板。

49

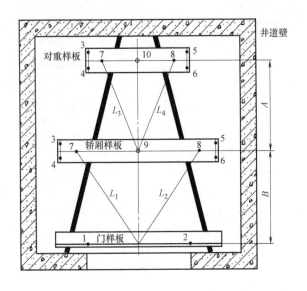

图 4-15　样板放置示意图

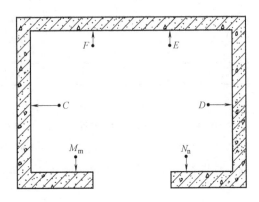

图 4-16　样线固定点

② 装配各样板与出入口用样板呈平行并暂时固定，使 $L_1 = L_2$、$L_3 = L_4$，来回移动各样板，再确认 A、B 尺寸后进行固定，将各样板固定好，如图 4-11a 所示。

步骤四：稳固样线

1）样线在上样板的固定方法如图 4-17 所示，应使样线的一端缠绕固定在铁钉上，样线的另一端垂直落下。注意检查样线中间不能与脚手架或其他物体接触，钢丝不应有打死结现象。

具体的做法如图 4-18 所示，在放线点处，用钢锯条或电工刀垂直锯或划一 V 形小槽，V 形槽顶点为放线点，将线放入，并在放线处注明此线名称，把尾线用铁钉固定绑牢。

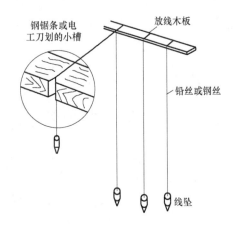

图 4-17　样线稳固示意图

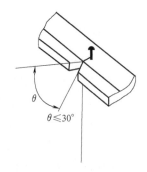

图 4-18　样线稳固的具体方法

2）样线在下样板上的固定方法如图 4-19 所示。

3）为了防止铅垂线晃动，增加其摆动阻力，可将样线坠放入装有水的桶中，在需要线坠尽快静止时，也可把水桶里的水换成机油，加快样线稳定，如图 4-20 所示。

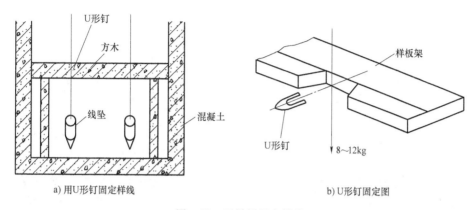

a) 用U形钉固定样线　　　　　　b) U形钉固定图

图 4-19　下样板固定样线

4）在样板定位完成后，应在样架上各连接处做好标记，根据这些标记随时检查样板是否移位。

5）样板公差要求：

① 样板组公差（即同一样架上各尺寸之间的公差）不大于 1mm。保证方法：用卷尺反复测量，尽量减少偏差。

② 样板水平误差：不大于 0.5/600。

测量方法：用水平尺测量，在支撑木方与托码之间用垫片调整。

③ 测量下样板上落线点与样线的偏差不大于 1mm。

步骤五：机房放线

对于有机房的电梯，在确定了井道的样板和基准线后，还要将样线返回机房去，确定机房各预留孔洞的准确位置，为曳引机、限速器等设备定位安装做好准备。

1）将曳引点从样板架上引到机房。图 4-21 所示为从机房轿厢和对重中心放置线坠。

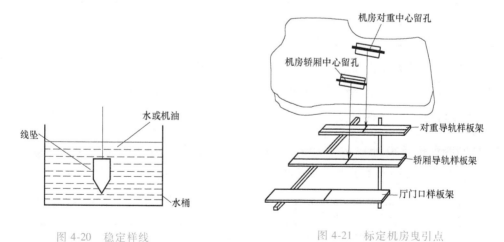

图 4-20　稳定样线　　　　　　图 4-21　标定机房曳引点

2）将曳引点标定在机房楼板上。具体做法是：将线坠挂在水平尺上，水平尺跨过机房曳引孔，让线坠从机房曳引孔垂直对准样板上的曳引点，在机房楼板上划出直线 B，如图 4-22 所示。

3）参照图 4-23 检查机房的预留孔是否满足机房平面图的要求。

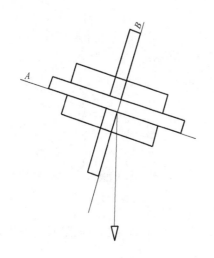

图 4-22　机房楼板曳引点位置

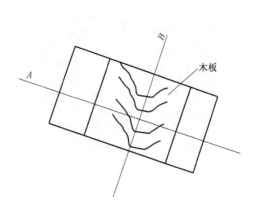

图 4-23　机房预留孔位置检查

步骤六：检验与记录

由组长对完工的样板架进行检验并填写表 4-4，最后由指导教师检验、审核。

表 4-4　样板架检验记录表

检验项目 ＼ 参数	A	B	C	D	E	F	水平误差
标准值							
上样板测量值							
下样板测量值							
极限偏差值							
检　验							年　　月　　日
审　核							年　　月　　日

检验依据：样板架上轿厢中心线、门中心线、门净宽线、导轨中心线位置误差不应超过 0.3mm，其余尺寸极限偏差为 ±0.5mm。

评价反馈

1. 自我评价（40 分）

由学生根据学习任务完成情况进行自我评价，评分值记录于表 4-5 中。

表 4-5　自我评价表

学习任务	项目内容	配分	评分标准	得分
学习任务 4	1. 制作样板架和选材	10 分	不认识样板架的规格和用料（扣 1~10 分）	
	2. 样板的制作和安装	25 分	1. 不按照安全操作规程操作（扣 1~5 分） 2. 不佩戴安全防护用品进行工作（扣 1~10 分） 3. 不会安装样板支撑架（扣 1~10 分）	

（续）

学习任务	项目内容	配分	评 分 标 准	得分
学习任务4	3. 样板线的放置和调整	65分	1. 不会井道测量及确定基准线（扣1～10分） 2. 不熟悉井道测量顺序与方法（扣1～10分） 3. 填写"电梯井道测量记录表"不正确（扣1～10分） 4. 不会进行样板挂设基准线（扣1～10分） 5. 不会稳固样线（扣1～5分） 6. 不会进行机房放线（扣1～10分） 7. 填写"样板架检验记录表"不正确（扣1～10分）	
			总评分＝（1～3项得分之和）×40%	

签名：_____ _____年__月__日

2. 小组评价（30分）

由同一实训小组的同学结合自评的情况进行互评，将评分值记录于表4-6中。

表4-6 小组评价表

项 目 内 容	配分	评分
1. 实训记录与自我评价情况	30分	
2. 完成实训工作任务的质量	30分	
3. 互相帮助与协作能力	20分	
4. 安全、质量意识与责任心	20分	
总评分＝（1～4项得分之和）×30%		

参加评价人员签名：_____ _____年__月__日

3. 教师评价（30分）

由指导教师结合自评与互评的结果进行综合评价，并将评价意见与评分值记录于表4-7中。

表4-7 教师评价表

教师总体评价意见：

教师评分（30分）	
总评分＝自我评分＋小组评分＋教师评分	

教师签名：_____ _____年__月__日

阅读材料

阅读材料：两台或多台电梯并列井道的样板制作及放样方法

1）对两台或多台并列电梯进行井道测量确定时，应注意各电梯轿厢中心距与建筑图是否相符，还应根据建筑物及电梯层门情况，对所有层门指示灯、按钮盒位置进行综合考虑，使其高低一致，并与建筑物协调，保证美观。

2）对多台相对并列的电梯确定基准线时，还应根据建筑物及门套施工尺寸，使相邻两台电梯层门口门套宽度相对一致，以保证电梯门套施工或土建大理石门套施工的美观要求，如图4-24所示。

3）对于并排井道电梯的层门样线确定采用如下方法：

① 在顶层层门口地面弹一直线（参见图4-25），若条件不允许，可在地面拉设棉线，可能的话，线与墙面的距离A与土建提供的墙面平行。

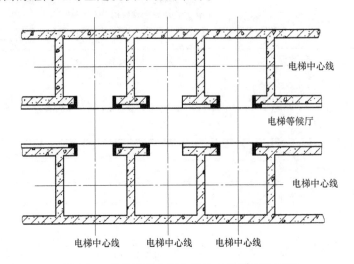

图 4-24　多台并列井道电梯确定基准线示意图

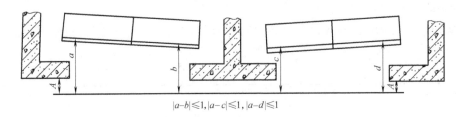

$|a-b|\leq 1, |a-c|\leq 1, |a-d|\leq 1$

图 4-25　两台并列井道电梯确定层门样线示意图

② 测量 a、b、c、d 的数值，调整层门样板，使得 a、b、c、d 数值的最大值与最小值相差不大于 1mm。

③ 通常大楼的首层对外观的要求最高，因此应校验顶层地面所弹直线是否满足首层墙面装饰要求。并相应弹出第二条直线，重复上述两个步骤。

④ 层门样板调整好后，必须满足地坎、门套的安装要求。

⑤ 层门样板调整好后，在底层和顶层楼面分别画出一条标记线，使标记线到每条出入口样线距离相等，以备样架变形后重新调。

4）旁开门的样板固定后挂设基准线

① 旁开门样板对重架放置位置如图4-26所示，图中9为轿厢曳引点，10为对重曳引点，图中 A 值应根据图中曳引距、对重中心井道布置图中曳引距和对重中心偏离轿厢导轨中心线的值（10、11点间距离）计算得出。

② 如果电梯是双开门的，则考虑两出入口样板的设置应同时满足各站层门地坎、层门门头支架、门套和轿厢导轨与对重导轨的安装尺寸要求。

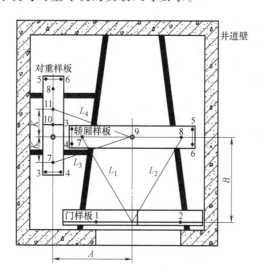

图 4-26　旁开门样板对重架放置示意图

任务小结

本任务主要介绍电梯样板制作、样板放置与挂设基准线的基本操作步骤和注意事项。

1）电梯样板的作用是当安装曳引主机、层门、轿厢、轿厢导轨、对重导轨等井道部件时，在井道内确定其安装的相互位置。

2）电梯的样板架由门样板、轿厢样板、对重样板和托架组成。

3）样板放置的具体顺序为：门样板→轿厢导轨样板→对重导轨样板。

4-1　填空题

1. 电梯样板的作用是当安装_____、_____、_____、_____等井道部件时，在井道内确定其安装的相互位置。

2. 样板架由门样板、_____样板、_____样板、木质或钢制托架组成。

3. 样板架按对重位置分为_____和_____。

4. 样板水平误差：不大于_____。

5. 样板放置顺序为：放置_____样板→放置_____样板→放置_____样板。

4-2　综合题

试叙述轿厢、对重样板相互间调整平行的方法。

4-3　试述对本学习任务与实训操作的认识、收获与体会。

学习任务5

井道内设备安装

任务分析

本任务是学习电梯井道内设备安装，包括导轨支架安装、导轨安装与校正、轿厢与相关部件安装、对重设备安装、曳引钢丝绳（简称曳引绳）安装、缓冲器安装6个子任务。

建议学时

建议完成本任务为 12~16 学时。

任务目标

应知

1）理解井道内各设备的安装流程。

2）掌握井道内各设备安装标准的技术参数。

应会

学会井道内设备（包括导轨支架、导轨、轿厢与相关部件、对重设备、曳引绳和缓冲器）安装的基本操作步骤。

学习子任务 5.1   导轨支架安装

基础知识

1．井道内设备安装概述

井道内设备安装是电梯结构安装的主体工程，作业人员必须严格执行《电梯制造与安装安全规范》（GB 7588—2003）中的安全生产规程和标准，熟练掌握井道内各设备的安装技术，熟记主体构件的国家标准，并要求具备电焊操作技能。井道内设备安装的顺利完成是电梯安装工程能够按计划、按工期进行的基础。

井道内设备安装的一般流程如下：

导轨安装 → 轿厢与相关部件安装 → 对重设备安装 → 曳引绳安装 → 缓冲器安装

导轨安装的流程如下：

2.导轨支架

导轨支架是把导轨垂直固定在电梯井道内壁两侧的支承件，由导轨支架和码托（又称撑脚）组成，通常被安装在井道壁或横梁上。按适用对象可分为轿厢导轨支架、对重导轨支架和轿厢对重共用支架，导轨支架实物图如图 5-1 所示。

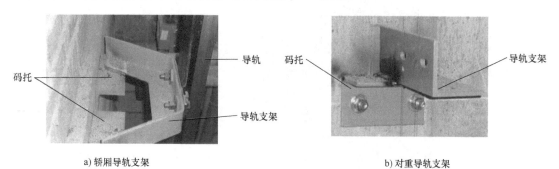

a) 轿厢导轨支架　　　　　　　　　　　　b) 对重导轨支架

图 5-1　导轨支架实物图

导轨支架结构示意图如图 5-2 所示。

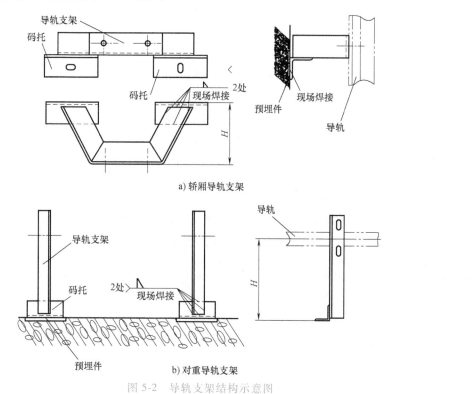

a) 轿厢导轨支架

b) 对重导轨支架

图 5-2　导轨支架结构示意图

3.导轨支架的安装方法

根据墙体结构（或支撑物）的不同，导轨支架安装应该选择不同的方法，以保证支架与墙体（或支撑物）的连接牢固可靠，常见的安装方法有以下三种。

（1）预埋钢板焊接法

这种方法是将导轨支架的码托焊接在预先埋好的钢板上，然后将导轨支架焊接在码托上。采用这种方法时，在未焊接前首先要检查预埋件是否牢固，敲击时应没有空洞声，否则要经过修整后才能将支架焊接在上面，要求所有交接边均用连续焊接，如图5-3所示。

交接边连续焊接

图5-3　导轨支架与码托的焊接要求

（2）膨胀螺栓紧固法

这种方法用于井道壁是混凝土结构（强度不低于180N，井壁厚度不低于150mm）且无预埋件的情况。它利用膨胀螺栓将支架码托紧固在井道壁上，每个码托至少应有2只膨胀螺栓，然后将导轨支架焊接在上面，如图5-4所示。这种方法施工方便、灵活、效率高，是目前常用的方法。

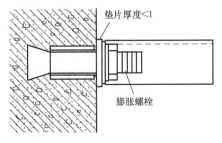

垫片厚度<1

膨胀螺栓

图5-4　膨胀螺栓紧固法（单位：mm）

（3）对穿螺栓法

这种方法用于井道壁较薄（墙厚小于150mm）的情况。具体是在安装码托的地方将井壁打通，孔径依据螺栓的直径确定，A面要平整，然后按图5-5进行安装，两块钢板尺寸为200mm×200mm×12mm，每块钢板至少有两只螺栓紧固，螺栓头不能伸出背面墙，最后用水泥将背面孔洞填满。

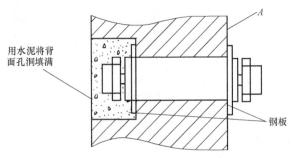

A

用水泥将背面孔洞填满

钢板

图5-5　对穿螺栓法

其他方法还有直接埋入法和预埋地脚螺栓法等，在此不一一列举。采用何种方法应根据井壁的构造和厚度选择。

4. 导轨支架的安装要求

（1）导轨的定位

① 每根导轨至少用两个导轨支架来固定，每两个导轨支架的间距按井道设计图要求，且不应超过 2500mm。由井道底坑算起，第一挡导轨支架距底坑地面应不大于 1500mm，最高一挡导轨支架距井道顶棚应不大于 500mm。

② 导轨支架与导轨底的接触面应平行于其对应的样线（d_1、d_2）所确定的平面，其平行度误差应在 0.5mm 以内。在图 5-6 中，应使 a_1、a_2、a_3、a_4 的数值相差在 0.5mm 以内。

③ 导轨支架与导轨底的接触面与对应样线（d_1、d_2）的距离应为 1~3mm，以便校轨时插入垫片，如图 5-6 所示，$a \leqslant 3mm$。

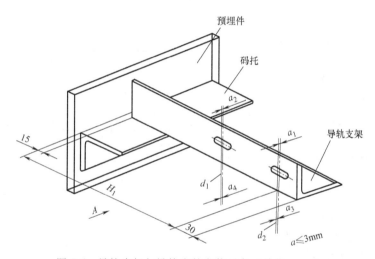

图 5-6 导轨支架与导轨底的安装要求（单位：mm）

④ 导轨支架上的长圆孔（对重支架）或圆孔（轿厢支架）的中心线应与样线对应（d_1、d_2）重合，其偏差在 1mm 以内，如图 5-7 所示。

（2）导轨支架的尺寸及公差要求

① 无论使用预埋件焊接法还是膨胀螺栓紧固法等，轿厢导轨支架的撑脚长度 H_C（参见图 5-8）应不大于 380mm。否则，应特制导轨支架或修改井道。

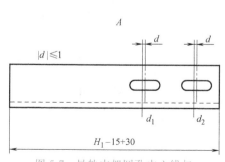

图 5-7 导轨支架圆孔中心线与
对应的样线的偏差（单位：mm）

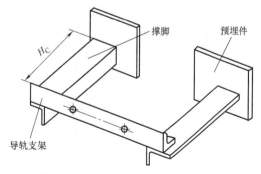

图 5-8 轿厢导轨支架尺寸及公差要求

② 无论使用预埋件焊接法还是膨胀螺栓紧固法，对重侧导轨支架的撑脚长度 H_W（参见图 5-9）应不超出表 5-1 中所列的范围，否则，应特制导轨支架或修改井道。

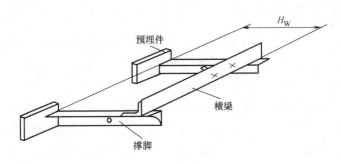

图 5-9　对重侧导轨支架尺寸及公差要求

表 5-1　对重侧导轨支架的撑脚长度标准

载重/kg	H_W 不大于/mm
1000（后对重）	500
1000（侧对重）	750
2000	750
3000	750
5000	750

③ 导轨支架及码托的水平度误差应满足 $X \leqslant 1.5\%$ H，如图 5-10 所示。

④ 导轨支架垂直度误差满足 $|a_1 - a_2| \leqslant 0.5$，其中 a_1、a_2 的值用钢尺测量，如图 5-11 所示。

（3）导轨支架的焊接要求

① 支架与码托的搭接面 $D \geqslant 2/3L$，如图 5-12 所示。

② 支架和码托搭接处焊缝高度见表 5-2，焊缝必须是连续的，并应全焊。

（4）导轨支架的焊接禁止事项

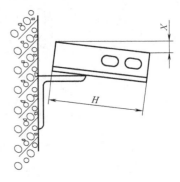

图 5-10　导轨支架及码托的水平度误差

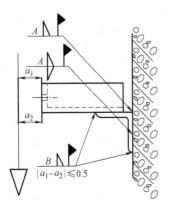

图 5-11　导轨支架垂直度误差（单位：mm）

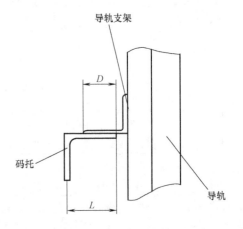

图 5-12　支架与码托的搭接

表 5-2　支架和码托搭接处的焊缝高度标准

焊缝高度 载客量	A/mm	B/mm
6~13 人	4	3
13 人以上	6	3

① 焊缝不连续，焊缝高度小于表 5-2 给出的值。

② 导轨支架靠近井道壁侧未焊接。

③ 导轨支架水平误差 $X > 1.5\%H$。

④ 导轨支架和托码的搭接长度 $D < 2/3L$。

工作步骤

步骤一：观察

在教师的带领和指导下，分组参观 YL-777 型电梯实训设备或透明可视的观光电梯，观察导轨支架的安装情况，记录于表 5-3 中。

表 5-3　观察导轨支架记录表

内　　容	YL-777 型电梯实训设备	观光电梯 1	观光电梯 2
导轨支架形状、类型			
导轨支架安装方法			
导轨支架间距（估算）			
其他相关记录			

步骤二：安装导轨支架

在指导教师的带领下，以 6 人为一组进行导轨支架安装实训，过程如下：

1）围蔽作业区，查看井道和相关的设计图，确定导轨支架的安装流程。

2）准备工具，穿戴好安全防护用品后（要求互检）携带工具箱进入作业现场。

3）依据样线确定支架安装点：

① 确定导轨支架垂直方向安装位置（轿厢导轨支架和对重导轨支架的安装方法相同）。

a. 依据导轨基准线及辅助基准线确定导轨支架的垂直方向位置，要求最下一挡导轨支架距离底坑 1500mm 以内；要求最上一挡导轨支架距离井道顶部不大于 500mm；要求中间导轨支架相互间的距离 ≤2500mm，且需均匀分布，如图 5-13 所示。

b. 根据电梯井道的高度和所选导轨的长度计算所需导轨的根数，从而确定导轨接头的数量，这对

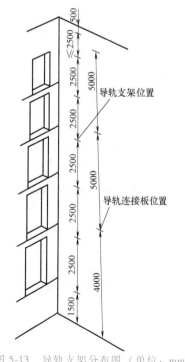

图 5-13　导轨支架分布图（单位：mm）

于支架的安装和导轨的校正非常重要，应尽量使导轨接头接近支架，但又不能与支架相碰。若支架位置与导轨连接板位置相遇，则将间距做上下调整，错开的距离应大于 30mm，如图 5-14 所示。

根据上述要求和计算，依据导轨的标准样线在井道壁上用铅笔画出导轨支架的垂直位置，弹出定位墨线，做好标记并编号。

② 确定导轨支架水平方向安装位置。

a. 轿厢导轨支架水平方向安装位置的确定。用直角尺沿着垂直于由对重导轨两条样线所确定的平面的方向，将轿厢导轨样线引到井道壁画出纵向墨线，并测量导轨样线与井道壁的距离 H_2（作为确定导轨支架长度的依据），做好记录，如图 5-15 所示。

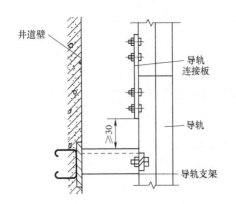

图 5-14 导轨支架位置与连
接板位置图（单位：mm）

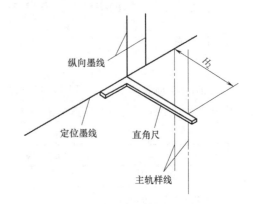

图 5-15 轿厢导轨支架水平方向安装位置的确定

然后以纵向墨线为基准，沿着垂直方向的定位墨线向井道两侧偏移，偏移量以导轨支架（或导轨支架连接板）的安装尺寸为准，从而确定导轨支架的安装孔位。

b. 对重导轨支架水平方向安装位置的确定。

用直角尺沿着由对重导轨两条样线所确定平面的方向，将对重导轨样线引到井道壁画出纵向墨线，并测量对重导轨样线与井道壁的距离 H_1（作为确定导轨支架长度的依据），做好记录，如图 5-16 所示。

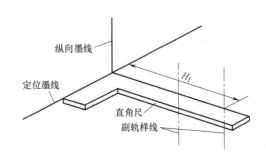

图 5-16 对重导轨支架水平方向安装位置的确定

然后以纵向墨线为基准，沿着垂直方向的定位墨线向井道两侧偏移，偏移量以导轨支架（或导轨支架连接板）的安装尺寸为准，从而确定导轨支架的安装孔位。

③ 确定导轨支架的长度。确定导轨支架长度的依据是：两条导轨正面水平相对的距离 L、导轨高度 a，以及需预留的调整间隙（3~5mm）如图 5-17 所示。

由于施工方面的原因，井道壁不可能达到绝对的垂直，因此各挡导轨支架的长度不尽相同，必须根据现场实际测量的尺寸来截取支架，并标上与该挡导轨支架定位时的位置编号相一致的编号，以便于对应安装。

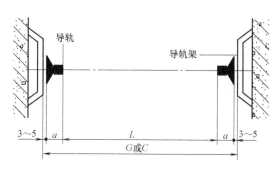

图 5-17　确定导轨支架长度的依据（单位：mm）

相关链接

安全作业要诀及安装经验

- 进入井道的作业人员必须使用安全带、佩戴安全帽。
- 焊接作业时必须使用电焊面罩、手套和脚套。
- 焊接作业开始前必须清除底坑的易燃易爆物品。
- 焊接作业结束后必须检查有无火种残留，需观察1h以上方可离开现场。
- 为便于支架端部的焊接作业，应使支架端部与预埋件或井道壁留15mm的间隙。

评价反馈

1. 自我评价（40分）

由学生本人根据学习任务完成情况进行自我评价，将评分值记录于表5-4中。

表5-4　自我评价表

学习任务	项目内容	配分	评分标准	得分
学习子任务 5.1	1. 表5-3记录情况	10分	记录齐全、准确	
	2. 识图能力	20分	根据设计图样快速制订支架安装方案	
	3. 现场数据测量	10分	位置标示及数据测量准确	
	4. 团队合作	20分	既有分工又有合作，能按施工要求进行	
	5. 施工技能	40分	安全生产，安装工艺达标	
			总评分＝（1~5项得分之和）×40%	

签名：＿＿＿＿＿＿＿＿　＿＿＿年＿月＿日

2. 小组评价（30分）

由同一实训小组的同学结合自评的情况进行互评，将评分记录于表5-5中。

表5-5　小组评价表

项目内容	配分	评分
1. 实训记录与自我评价情况	30分	
2. 完成实训工作任务的质量	30分	
3. 互相帮助与协作能力	20分	

63

（续）

项 目 内 容	配分	评分
4. 安全、质量意识与责任心	20分	
总评分 = (1~4项得分之和)×30%		

参加评价人员签名：_____ _____年__月__日

3. 教师评价（30分）

由指导教师结合自评与互评的结果进行综合评价，并将评价意见与评分值记录于表5-6中。

表5-6　教师评价表

教师总体评价意见：

	教师评分（30分）
总评分 = 自我评分+小组评分+教师评分	
教师签名：_____ _____年__月__日	

学习子任务 5.2　导轨安装与校正

基础知识

1. 导轨

导轨是由钢轨和连接板构成的构件，它分为轿厢导轨和对重导轨，当轿厢和对重在垂直方向上下运动时起导向作用，限制轿厢和对重的活动自由度，保证电梯运行平稳。从截面形状分，常见的导轨有 T 形和空心形两种形式。导轨实物图如图 5-18 所示，导轨结构示意图如图 5-19 所示。

a)T形导轨

b)空心形导轨

图 5-18　导轨实物图

T 形实心导轨具有良好的抗弯性和可加工性，通常用作轿厢导轨；空心形导轨一般由板材经冷弯成空心 T 形，使用在没有安全钳的低速梯上，作为对重导轨。

2. 导轨的安装与校正

导轨的安装是电梯安装工作中关键又繁重的工序，其安装质量决定了电梯运行的稳定性和舒适性。导轨安装的一般流程如下：

（1）准备工作

1）拆除底层处部分脚手架，以便导轨搬入提升点，特别要注意的是，拆下的脚手架不要丢弃，必须保管好，因为在导轨吊装结束后，必须将这些脚手架重新按原位固定好。

2）用金属清洁剂或柴油清洗导轨接头部位及导轨连接板连接面（若用金属清洁剂清洗，为了防止生锈，在洗涤完后应涂上一层油膜），

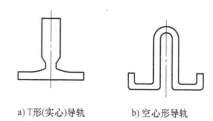

a) T形(实心)导轨　　b) 空心形导轨

图 5-19　导轨结构示意图

然后把导轨吊运进井道内，垫放在木板上，如图 5-20 所示（应注意所有导轨的榫槽应统一向上）。

（2）导轨底部的垫高

用木块或砖头将导轨底部垫高 150mm 左右，其中 50mm 为在卸荷校轨作业中抽去的部分，另外 100mm 用于导轨底座的安装作业，如图 5-21 所示。

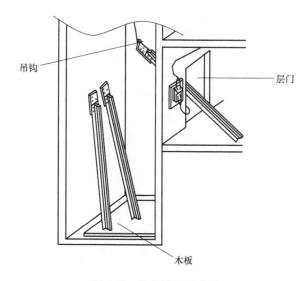

图 5-20　导轨吊运示意图

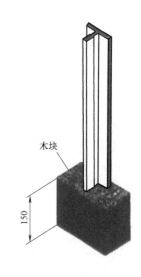

图 5-21　导轨底部的垫高（单位：mm）

（3）导轨的连接和固定

1）将最下面一条导轨放在前面所述垫高的木块上，用压码进行固定。

2）由下至上用卷扬机或人力将导轨逐条进行吊装，用棉纱抹干净导轨接头部位后，将上、下两导轨的榫舌和榫槽连接在一起，把导轨连接板的固定螺栓装上，并旋紧至弹簧垫圈略有收缩为止，待校轨时再进行紧固，如图 5-22 所示。

3）将每条导轨用导轨压码固定在导轨支架上。

4）对顶端导轨要按实际测量尺寸切割，使得导轨距顶层楼面有 50～100mm，然后固定

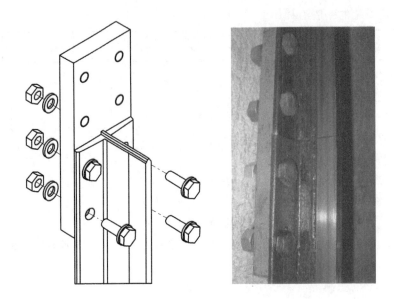

图 5-22 导轨的连接

在导轨支架上，如图 5-23 所示。

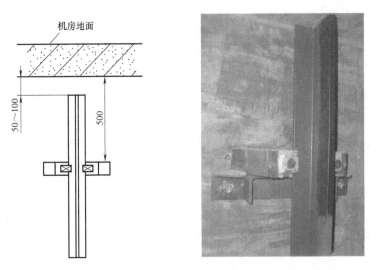

图 5-23 导轨的固定（单位：mm）

（4）导轨的校正

导轨的校正在全部导轨竖立完毕初步稳固后进行。若所安装的电梯的运行速度≥2.5m/s时，为保证导轨的安装质量，每起吊、安装 2~3 根导轨后，应立即对其进行校正，校正后再起吊、安装其余的导轨。

1）校轨工具。电梯导轨校正的工具常用校轨尺（见图 5-24），对于高速电梯则要求用激光校轨仪校轨。校轨工具在使用前必须先进行调整以保证其精确度。

2）校轨方法（适用于速度<2.5m/s 的电梯）。

导轨的校正可采用卸荷调校导轨的方法，具体做法如下：

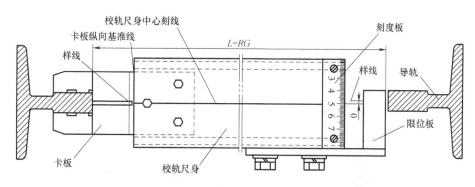

图 5-24 校轨尺校轨示意图

① 重新放好用于校轨用的样线，导轨校正部位应在导轨接头处及导轨支架处。

② 从最下面一条导轨开始校正。

③ 校正第一条导轨时，将第二条及以上导轨的压码收紧，然后将第一条导轨下面的部分木块（50mm）用手锤打掉，再松开第一条导轨和第二条导轨连接板的紧固螺栓，将第一条导轨沉下，使导轨连接部位的榫舌与榫槽分开，然后根据导轨样线用校轨工具对导轨进行横向垂直度和纵向垂直度校正。通过增减垫片的厚度可调整导轨横向垂直度误差，如图 5-25a 所示。通过调整导轨压码可调整纵向垂直度误差，如图 5-25b 所示。校正方法：拧松导轨压码的紧固螺栓半圈后，用手锤轻敲导轨，直至校轨工具上的基准线与样线重合，然后拧紧压码紧固螺栓即可。

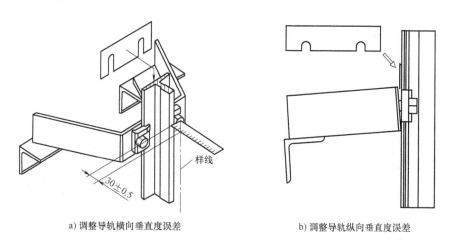

a) 调整导轨横向垂直度误差　　　　　　b) 调整导轨纵向垂直度误差

图 5-25 调整导轨垂直度误差

④ 校正第一条导轨后，将第二条导轨沉下，用连接板将两条导轨连接起来，并检查接头处的直线度，然后校正第二条导轨，依次类推，由下至上将导轨逐一沉下进行校正。

⑤ 校正导轨对向平行度误差及导轨距。

⑥ 用导轨刨对导轨接头台阶进行修光处理，如图 5-26 所示。

3）校轨的其他要求：

① 使用的垫片数超过 5 件或厚度超过 5mm 时，要把垫片点焊在导轨支架上。

② 单边垫片应点焊在导轨支架上。

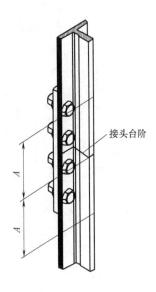

接头台阶

图 5-26　导轨接头台阶修光处理

③ 压码必须端正地压在导轨上，其整个长度上的倾斜度应≤1mm，如图 5-27 所示。

（5）导轨底座的安装

1）将导轨底座的支承木块或砖抽出。

2）将导轨底座用导轨压码（见图 5-28）固定在最下面一条导轨上。

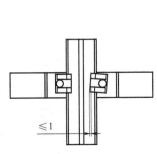

≤1

图 5-27　压码压在导轨上的示意图（单位：mm）

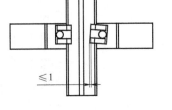

图 5-28　导轨底座压码

3）在导轨底座的两个 φ13 圆孔内插入 M12 拉式膨胀螺栓。

4）在导轨底座与底坑地面之间灌制混凝土墩，如图 5-29 所示。

5）混凝土墩灌制 2~3 天后，将两颗拉式膨胀螺栓紧固。

工作步骤

步骤一：观察

在指导教师的带领下，分组参观 YL-777 型电梯实训设备和透明可视的观光电梯，观察导轨的类型和安装情况，记录于表 5-7 中。

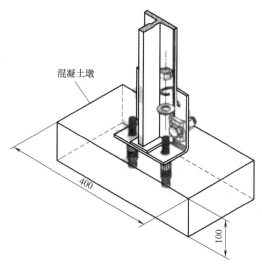

混凝土墩

400

100

图 5-29　导轨底座的安装（单位：mm）

表 5-7　观察导轨记录表

内　　容	YL-777 型电梯实训设备	观光电梯 1	观光电梯 2
轿厢导轨类型			
对重导轨类型			
轿厢与对重的位置关系			
其他相关记录			

步骤二：安装和调整导轨

在指导教师的带领下，以 6 人为一组在"导轨安装实训井道"中实训。过程如下：

1）围蔽作业区，查看井道和相关的设计图，确定导轨的安装流程。

2）由组长负责工作分配：1 人在顶层操控提升机器，1~2 人在底坑捆扎绑定导轨，2 人固定导轨，并由专人负责指挥。

3）准备工具，穿戴好安全防护用品后（要求互检）携带工具箱进入作业现场。

4）做好导轨安装前的准备工作，逐根检查导轨工作面的直线度，将导轨接头清洗干净，修正毛刺。

5）将导轨全部从底层或分层运入井道，导轨连接端的榫头向上，榫槽向下。

6）连接板与导轨榫槽端用螺栓连接固定。

7）导轨是从下往上安装，在底坑第一根导轨的下端安装底座。

8）使用导轨尺对导轨进行调整，并记录于表 5-8 中。

表 5-8　两列导轨间的正面距离偏差　　　　　　　　　（单位：mm）

电梯类型	低速、快速梯	
导轨用途	轿厢导轨	对重导轨
偏差值		

相关链接

安全作业要诀及安装经验

安 全 作 业
• 进入井道作业必须使用安全带和佩戴安全帽。
• 使用卷扬机或人力吊装时，必须清楚、准确地进行联络与复述。
• 导轨离开地面后在底坑工作的人员必须立即撤出底坑。
• 导轨对接时，严禁将手放在导轨的接头部位。

评价反馈

1. 自我评价（40分）

由学生本人根据学习任务完成情况进行自我评价，将评分值记录于表5-9中。

表5-9 自我评价表

学习任务	项目内容	配分	评 分 标 准	得分
学习子任务 5.2	1. 表5-7记录情况	10分	记录齐全、准确	
	2. 工作能力	30分	根据安装规程快速制定导轨安装方案	
	3. 团队合作	20分	既有分工又有合作，能按施工要求进行	
	4. 施工技能	40分	安全生产，安装工艺达标	
	总评分＝（1~4项得分之和）×40%			

签名：＿＿＿＿＿＿ ＿＿＿年＿月＿日

2. 小组评价（30分）

由同一实训小组的同学结合自评的情况进行互评，将评分记录于表5-10中。

表5-10 小组评价表

项 目 内 容	配分	评分
1. 实训记录与自我评价情况	30分	
2. 完成实训工作任务的质量	30分	
3. 互相帮助与协作能力	20分	
4. 安全、质量意识与责任心	20分	
总评分＝（1~4项得分之和）×30%		

参加评价人员签名：＿＿＿＿＿＿＿＿＿ ＿＿＿年＿月＿日

3. 教师评价（30分）

由指导教师结合自评与互评的结果进行综合评价，并将评价意见与评分值记录于表5-11中。

表5-11 教师评价表

教师总体评价意见：

教师评分（30分）	
总评分＝自我评分+小组评分+教师评分	

教师签名：＿＿＿＿＿＿ ＿＿＿年＿月＿日

阅读材料

阅读材料 5.1：校轨尺的调整

1）将校轨尺座固定在外径为 $\phi 26.75$mm（即 3/4in）的水管上，用卷尺测量 L 尺寸，L 应为标准轨距，如图 5-30 所示。

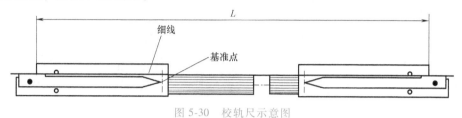

图 5-30 校轨尺示意图

2）如图 5-31 所示，用一拉紧的细线检测两指针与导轨的部位在同一直线上时，两指针同时指向基准点。若指针与基准点有偏差时，可在图中 A 方向通过垫片调整使指针指正基准点。

3）校核两样线尺对应平面的平行度误差在 0.2mm 以内。校核方法：把校轨尺夹紧在台虎钳上或固定在一平台上，测量两把样尺 B 面的垂直度误差均在 0.2mm 以内。

4）校轨尺调整好后，应拧紧校轨尺座与水管之间的紧固螺栓。

阅读材料 5.2：导轨的吊装方法

导轨的吊装属于立体交叉作业，一定要注意安全，操作前要仔细检查吊装设备是否完好，绳索是否结实没有损伤。常见的吊装方法有机械和人力吊装两种。

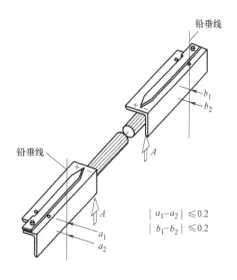

图 5-31 校轨尺调整示意图（单位：mm）

（1）卷扬机吊装法

卷扬机吊装法通常用于高层电梯导轨的吊装，将卷扬机安装在顶层层门口或底层层门口，井道顶上挂一滑轮，通常用的 0.5t 卷扬机如图 5-32 所示。在利用卷扬机吊装导轨时，可将导轨提升到一定高度（能方便地连接导轨）连接另一根导轨。采用多根导轨整体吊装就位的方法时，要注意吊装用具的承载能力，一般吊装总质量不超过 300kg。整条轨道可分几次吊装就位。

吊装导轨应用 U 形卡固定住连接板，吊钩应采用可旋转式，以消除导轨在提升过程中的转动，旋转式吊钩可采用推力轴承；也有采用双钩勾住导轨连接板的方法，如图 5-33 所示。

（2）人力吊装法

若导轨较轻，且提升高度又不大，可采用人力吊装，使用 $\phi \geq 16$mm 的尼龙绳代替卷扬机吊装钢轨，采用人力提升时，须由下而上逐根立起，如图 5-34 所示。

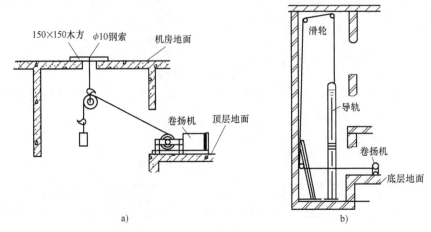

图 5-32　卷扬机吊装导轨法（单位：mm）

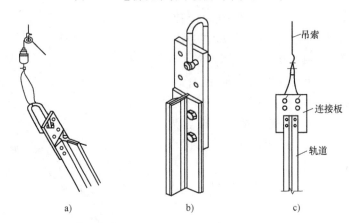

图 5-33　导轨的吊挂方法

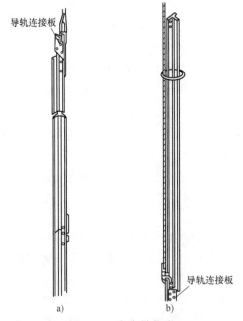

图 5-34　人力吊装法

学习子任务5.3

基础知识

1. 轿厢

电梯的轿厢用于乘载乘客或者货物，轿厢由轿厢架和轿厢体构成。其中轿厢架由底梁、立柱、上梁和拉杆组成，在轿厢架上还安装有安全钳、导靴等，如图 5-35 所示，轿厢体由轿厢底、轿厢壁、轿厢顶、轿门等组成，在轿厢上安装有自动门机构、轿门安全机构等，在轿厢架和轿厢底之间还装有称重装置。

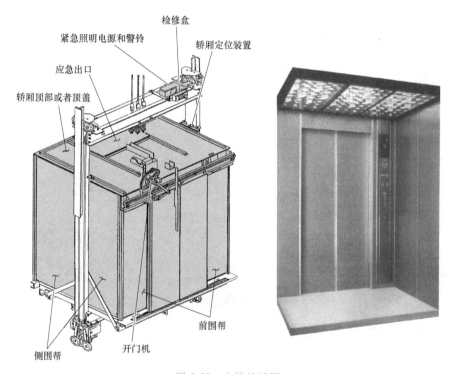

图 5-35　电梯的轿厢

轿厢、轿门的安装比较复杂，安装时一定要按照程序步骤和规范要求进行。轿厢安装的顺序是：下梁→安全钳（包括安全钳托架）→立柱→上梁→导靴→轿厢底→轿厢壁→轿厢顶→自动门机构→轿门。

轿厢的组装工作一般都在上端层站进行，上端层站最靠近机房，组装过程中便于起吊部件、核对尺寸、与机房联系等。由于轿厢组装位于井道的最上端，因此通过曳引绳和轿厢连接在一起的对重装置在组装时，就可以在井道底坑进行。这对于轿厢和对重装置组装后在挂曳引绳、通电试运行前对电气部分做检查、预调试和试运行等都是比较方便和安全的。

2. 安全钳

安全钳是以机械动作将电梯轿厢制停在导轨上的安全保护装置，其操纵机构是一组连杆系统。限速器通过此连杆系统操纵安全钳起作用。安全钳装置只有在电梯轿厢或对重的下行方向时才起保护作用。安全钳安装在轿厢两侧的立柱上，主要由连杆机构、拉杆、楔块及钳座等组成，如图 5-36 所示。

a) 渐进式安全钳　　　　　　　　　　　　b) 瞬时式安全钳

图 5-36　安全钳

3. 导靴

导靴装在轿厢和对重装置上，其靴衬在导轨上滑动，是使轿厢和对重装置沿导轨运行的装置。轿厢导靴安装在轿厢上梁和轿厢底部安全钳座下面，对重导靴安装在对重架上部和底部，各有 4 个。滑动导靴如图 5-37 所示。

a) 弹性滑动导靴　　　　　　　　　　　b) 固定滑动导靴

图 5-37　导靴

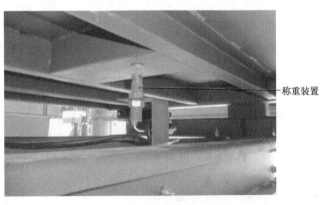

称重装置

图 5-38　称重装置

4. 轿厢称重装置

轿厢底一般安装有称重装置，如图 5-38 所示。称重装置用于检测轿厢的载重量，当电梯超载时该装置发出超载信号，同时切断控制电路使电梯不能起动；当重量调整到额定值以下时，控制电路自动重新接通，电梯得以运行。

5. 轿厢门和自动开关门机构

电梯的轿厢门（轿门）为主动门，由轿顶上的电动机与连动机构实现开闭，并通过门系合装置（门刀）带动层门开闭运动，轿门上设有防止夹人或物的安全装置，其通常由同步电同步电动机、联动机构、轿门门头、轿门挂板、轿门门扇、门系合装置（门刀）、安全保护装置等组成，如图 5-39 所示。

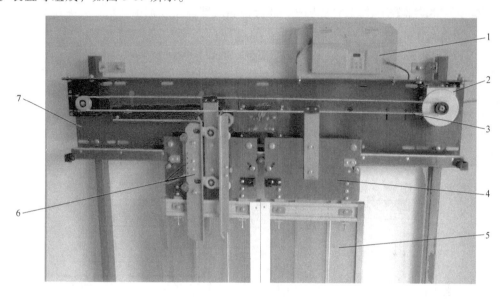

图 5-39　电梯轿门结构

1—变频器　2—同步电动机　3—带式联动机构　4—轿门挂板　5—轿门门扇　6—门刀　7—轿门门头

6. 轿门安全装置

《电梯制造与安装安全规范》GB 7588—2003 中要求动力驱动的自动门在关门运行中，轿厢控制板应该有一种装置，能使电梯门在关闭运行中重新开门，以防止乘客或物品在轿门的出入口被夹。安全装置有机械式、电子光幕式和光电开关式三种。目前许多电梯同时安装有机械式和电子光幕式安全装置。图 5-40 所示为电子光幕式安全装置。

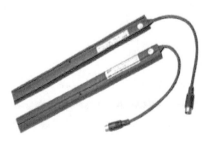

图 5-40　轿门安全装置

工作步骤

步骤一：观察

在指导教师的带领下，分组参观 YL-777 型电梯实训设备和透明可视的观光电梯，观察轿厢及其部件的结构和安装情况，记录于表 5-12 中。

表 5-12　观察轿厢记录表

内　　容	YL-777 型电梯实训设备	观光电梯 1	观光电梯 2
轿厢类型			
导靴类型			
安全钳类型			
轿厢门类型			
其他相关记录			

步骤二：轿厢及部件的安装

在指导教师的带领下，以 6 人为一组进行轿厢及部件安装实训。

（1）准备工作

1）围蔽作业区，查看井道和相关的安装图，确定安装流程。

2）由组长负责工作分配，准备工具，穿戴好安全防护用品后（要求互检）携带工具箱进入作业现场，做好安装前的准备工作。

（2）轿厢的支承方法

1）在将井道内的顶层脚手架拆除前，在顶层层门水平对开井道内壁上用 4 个膨胀螺栓固定托架，如图 5-41 所示。

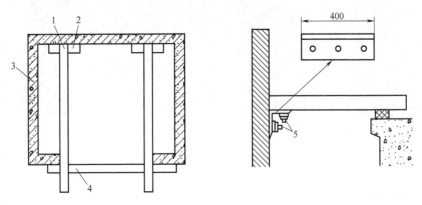

图 5-41　顶层轿厢支承横梁（单位：mm）

1、4—型钢　2—角钢　3—井壁　5—M16 膨胀螺栓

2）起重葫芦可固定在机房承重梁上，或把它直接固定在机房吊钩上，如图 5-42 所示。

（3）按顺序安装轿厢

轿厢的安装顺序为：下梁→安全钳座→轿厢下导靴→立柱→上梁→轿厢上导靴→安全钳传动机构→轿底→拉杆→轿壁→轿顶→门机→轿门，具体方法如下：

1）先将固定于井道内壁和层门口的托架校平，抬进下梁放在托架上，调整下梁的平行和水平度不大于 1/1000。装上安全钳，将两端安全钳口与导轨侧面及楔块两边距离调整一致，下梁定位就位后，用楔块锁死安全钳，装上下导靴。

2）将立柱与下梁连接，并用线坠使立柱在整个高度上的铅垂度不大于 1.5mm，并不得有歪曲现象。将上梁吊起与立柱连接，调整上梁水平度不大于 1/1000，同时安装上导靴，并再次复查直梁铅垂度，检查轿架对角线距离并确保其一致。

3）上、下导靴安装就位后，应在同一垂直线上，不允许有歪斜、偏扭现象，达到上、下导靴与安全钳座中心三点成一线。

4）检查组装在上横梁的安全钳传动机构（见图5-43）各活动部位是否灵活，将安全钳拉杆与楔块连接，装上螺母及拉条弹簧，然后放下楔块。

安全钳装置的调整：

① 将绳头拉手提起至水平，调节倒牙螺母使安全钳拉杆拉手成水平状态，然后上紧螺母，如图5-44所示。

② 调整角架位置，使撑条弹簧受力，然后锁紧螺栓。

③ 调整安全钳拉杆上端的螺母，使安全钳楔块工作面与对应导轨工作面满足间隙要求，如图5-45所示，然后上紧螺母。

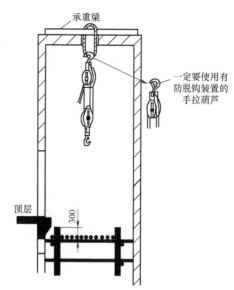

图 5-42　固定起重葫芦
（单位：mm）

图 5-43　安全钳传动机构

图 5-44　安全钳装置的调整

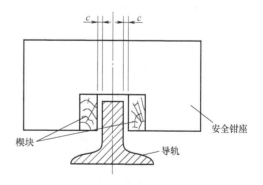

图 5-45　安全钳楔块工作面与导轨工作面间隙的调整

④ 调整拉手弹簧的压缩长度，使其能满足复位安全钳的要求。

⑤ 一人在轿顶拉绳头拉手，另一人观察轿底四个安全楔块是否同时夹住导轨，若不是，

则采用第③点所述方法再进行调整，直至满足要求为止，待完成这一步骤的调整之后再按要求重新上紧螺母。

⑥ 复核安全钳的动作提拉力为 15～30kg，可适当地再次调整弹簧压缩量，直至满足要求为止。

⑦ 调整完成后，再次用楔块锁死安全钳。

（4）轿厢壁板与顶板的安装

1）将四周的轿厢壁板之间及与轿底之间用螺栓连接，要求同一平面的轿壁平整，连接的台阶高度在 1mm 以内，如图 5-46 所示。

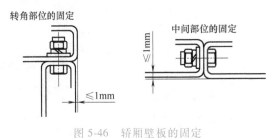

图 5-46　轿厢壁板的固定

2）轿壁拼装方法：在轿厢底板上组合壁板，壁板分三部分组合，具体如图 5-47 所示。

① 应尽可能使组合了的壁板下面（放在轿门踢脚板的一面）在同一水平面上。

② 调整壁板间的平齐度在标准值内。

③ 应完全拧紧壁板间的连接螺栓。

3）将上述第 2）项中组合好的壁板放置在对应的轿厢底板上并用螺栓与轿底紧固，其中壁板最后装配。

4）完全紧固壁板与轿厢底板的连接螺栓。

5）轿顶与轿壁之间用螺栓连接紧固。

6）安装立柱与轿厢顶部的连接螺栓，使轿厢前壁垂直度误差 ≤1/1000，该垂直度包括左右方向及前后左右方向。

7）风扇和轿厢灯的安装方法按图样要求，在慢车试验后装上。

（5）轿门组件的安装

轿门组件由门机、开关门机构、轿门导轨、轿门地坎、门扇几部分组成。安装时，需要注意导轨和地坎的水平度。由于轿门开关最频繁，是电梯中运动较多的部件，所以发生故障概率也相对较高，安装时必须要遵守部件的工艺要求。轿门门机安装

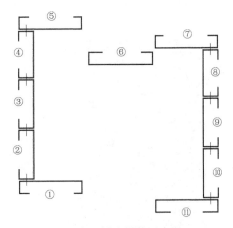

图 5-47　轿壁拼装示意图

于轿顶，轿门导轨应保持水平，轿门门板通过 M10 螺栓固定在门挂板上。门板垂直度 ≤2mm。轿门门板用连接螺栓与门导轨上的门挂板连接，调整门板的垂直度使门板下端与地坎的门导靴相配合。

1）悬臂式门机安装如图 5-48 所示，先将门机用螺栓定位在门机框架支承板上。

2）调整时，从轿厢门机链轮中心和导轨中心下吊线坠，使之与轿门地坎中心一致后，

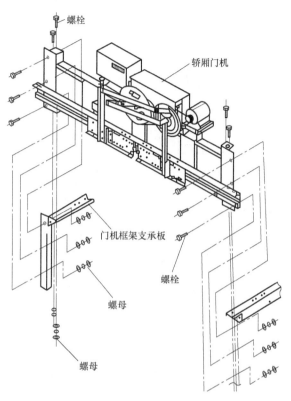

图 5-48 悬臂式门机组件

调整左右偏差为±1mm。

3）向轿门地坎末端吊线坠，对准导轨的前后间隙为（58±1）mm，对准轿厢地坎上端和门导轨下端间距为（69±1）mm，如图5-49所示。

4）将轿门门扇固定在门挂板上后，再安装好门滑块，如图5-50所示。

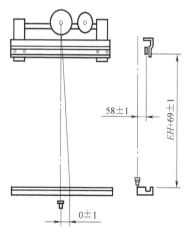

图 5-49 轿门位置校准（单位：mm）

图 5-50 安装门滑块（单位：mm）

5）若门扇倾斜，可在门扇与门挂板之间增减垫片直至门扇垂直，门扇倾斜度及两门扇之间间隙保证在 2mm 以内，门扇下端与地坎面的间隙≤6mm，如图5-51所示。

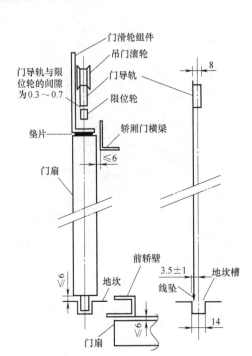

图 5-51　轿门间隙的调整标准（单位：mm）

6）用塞尺将限位轮与导轨之间的间隙调整为 0.3~0.7mm。

7）调整门扇与门扇、门扇与轿门横梁及轿厢前壁的间隙为≤6mm。

8）轿门完全关闭后，确认轿门闭合端位置与地坎中心线重合，中心线的偏移量不大于 1mm。

9）轿门完全打开，门扇与轿厢前壁左右要一致，如图 5-52 所示。

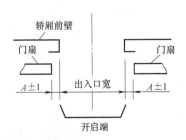

图 5-52　轿门门扇与轿厢前壁的尺寸

示意图（单位：mm）

（6）轿门安全装置的安装

电子光幕式安全装置属于非接触型轿门安全保护装置，其采用多束红外线，保护了轿厢入口的整个高度范围。现以电子光幕式安全装置为例介绍轿门安全装置的安装方法，如图 5-53 所示。

1）安装时首先把光幕的发射器、接收器装配在支架上。

2）对于中分门，按照发射器在左，接收器在右，将光幕的发射器和接收器连同支架用压紧螺钉连接在轿门加固板上。

3）调整发射器和接收器的左右水平度为（0±3）mm，拧紧螺钉。

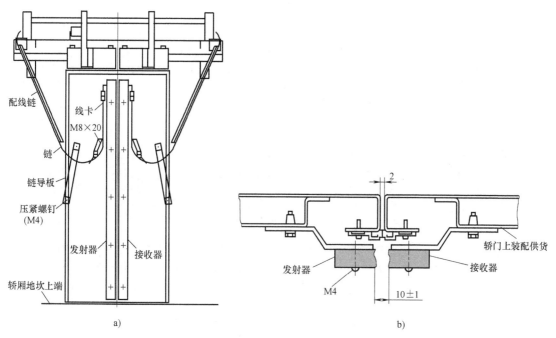

图 5-53　轿门安全装置的安装（单位：mm）

相关链接

轿门其他安全保护装置的安装

（1）机械式安全触板的安装

1）安全触板的安装示意图如图 5-54 所示，将上下摆杆座安装在轿门上。

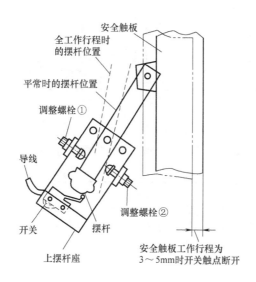

图 5-54　机械式轿门安全装置的安装（单位：mm）

2）调整上、下摆杆的位置，并把安全触板的工作行程控制在 3~5mm。

3）调整螺栓，保证在轿厢门开启状态时安全触板凸出端面的尺寸满足厂家要求。

4）手动使安全触板动作，利用图 5-54 中调整螺栓②，触板全行程满足厂家要求。

5）在轿厢门开启状态时，应确定安全触板下端面与地坎端面之间的间隙为（10±3）mm。

6）调整安全触板开关动作行程为 3~5mm。

（2）光电开关式安全装置的安装

光电开关式安全装置也属于非接触型轿门安全保护装置，但因其具有光束比较少、保护范围较窄的缺点，一般多与机械式安全触板结合使用，典型的安装方法如图 5-55 所示。

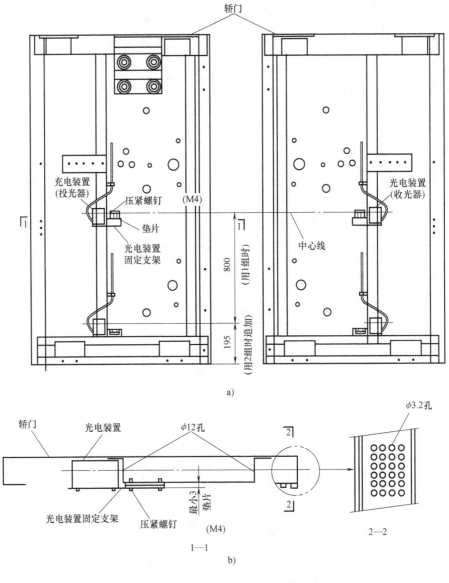

图 5-55　光电开关式轿门安全装置的安装（单位：mm）

1）安装时首先把光电装置的发射器、接收器装配在支架上。

2）对于中分门，按照发射器在左，接收器在右，将光电装置的发射器和接收器连同支架用压紧螺钉预连接在轿门加固板上。

3）调整发射器和接收器的左右水平度为（0±3）mm，拧紧螺钉。

评价反馈

1. 自我评价（40分）

由学生本人根据学习任务完成情况进行自我评价，将评分值记录于表5-13中。

表5-13　自我评价表

学习任务	项目内容	配分	评分标准	得分
学习子任务5.3	1. 安全施工	10分	不佩戴安全防护用品（扣1~10分）	
	2. 轿厢的安装	50分	1. 不会轿厢的支撑方法（扣1~10分） 2. 不会安装导靴（扣1~10分） 3. 不会安装安全钳传动装置（扣1~10分） 4. 不会调整安全钳（扣1~10分） 5. 不会安装轿厢底（扣1~10分）	
	3. 轿门组件和安装保护装置的安装	40分	1. 不会安装自动门机构（扣1~10分） 2. 不会安装轿门（扣1~10分） 3. 不会按要求调整轿门（扣1~10分） 4. 不会安装轿门安全保护装置（扣1~10分）	
			总评分=（1~3项得分之和）×40%	

签名：_____　　_____年___月___日

2. 小组评价（30分）

由小组同学结合自评的情况进行互评，将评分记录于表5-14中。

表5-14　小组评价表

项目内容	配分	评分
1. 实训记录与自我评价情况	30分	
2. 完成实训工作任务的质量	30分	
3. 互相帮助与协作能力	20分	
4. 安全、质量意识与责任心	20分	
总评分=（1~4项得分之和）×30%		

参加评价人员签名：_____　　_____年___月___日

3. 教师评价（30分）

由指导教师结合学生自评与互评的结果进行综合评价，并将评价意见与评分记录于表5-15中。

表 5-15　教师评价表

教师总体评价意见：

	教师评分（30 分）	
	总评分＝自我评分＋小组评分＋教师评分	

教师签名：＿＿＿＿＿＿＿＿＿＿＿＿　＿＿＿年＿＿月＿＿日

学习子任务 5.4　对重的安装

基础知识

对重起重量平衡作用，对重装置主要由对重架、对重块、导靴、延伸件等组成，如图5-56 所示。

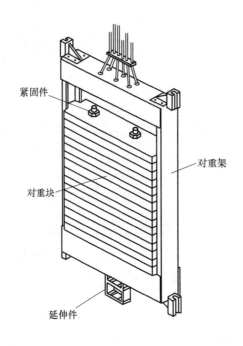

图 5-56　对重

工作步骤

步骤一：观察

在指导教师的带领下，分组参观 YL-777 型电梯实训设备和透明可视的观光电梯，观察对重的结构和安装情况，记录于表 5-16 中。

表 5-16　观察对重记录表

内　　容	YL-777 型电梯实训设备	观光电梯 1	观光电梯 2
对重架			
对重块			
其他相关记录			

步骤二：对重的安装

在指导教师的带领下，以 6 人为一组进行对重安装实训。

（1）准备工作

1）围蔽作业区，查看井道和安装图，确定安装流程。

2）由组长负责工作分配，准备工具，穿戴好安全防护用品后（要求互检）携带工具箱进入作业现场，做好安装前的准备工作。

（2）对重架的安装

1）清扫底坑，拆除首层井道内阻碍对重架进入井道的脚手架钢管。

2）用卷尺测量实际底坑深度，确认与井道图所标底坑深度大致相符。若比所标尺寸大，则应适当增加缓冲墩的高度。

3）准备两条方木（边长 100mm×100mm，长度为 L）支承对重架，支承木方应避开导靴部分，如图 5-57 所示。木方长度的计算公式为

L=缓冲墩高度（见井道图，聚氨酯式为 200～400mm）+对重调整座的高度（通常为 120mm）

由于长度 L 直接影响后述曳引路程 S 的计算，故 L 的偏差应为±10mm。

4）在高于对重安装高度的井道壁上用螺栓固定一个吊钩，将环链手拉葫芦用两条钢丝绳悬挂在吊钩上。

5）拆下对重架上的导靴。

6）用环链手拉葫芦将对重架吊入井道。

7）对重架上部件若有安装铭牌或放对重架缺口的应朝向轿厢侧。

8）将导靴和拆下的部分重新装上。

9）将对重架放在两支承木方上。

10）通过在导靴与对重架之间插入垫片，调整左右导靴与导轨之间的间隙之和为 2～4mm，本项目应在慢车运行后再调整，如图 5-58所示。

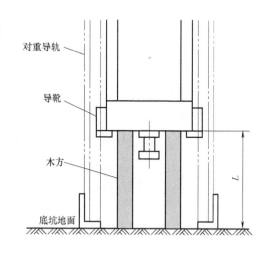

图 5-57　对重的安装

（3）对重块的安装

1）对重块安装前必须完成轿架的组装，轿架及对重侧曳引绳必须吊挂好。

2）先加电梯额定载重量约 30% 的对重块，在轿厢组装完毕后，再将剩余的对重块全部加上。

3）最终按 40%～50% 的平衡系数计算出对重的总重量（块数）。

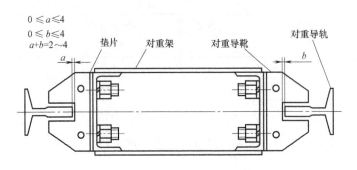

图 5-58　对重架的放置（单位：mm）

4）加载对重块后，必须同时安装对重压板，如图 5-59 所示。

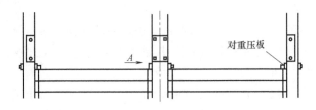

图 5-59　对重压板的放置

相关链接

安装轿厢和对重的安全注意事项

1）当轿厢和对重全部装好后，曳引钢丝绳挂在曳引轮上准备拆除支承轿厢的托架和对重的支撑之前，一定要先将限速器、限速器钢丝绳、张紧装置和安全钳拉杆安装完成，防止万一发生电梯下坠时，安全钳能发挥作用将轿厢夹持在导轨上，而不会发生坠落危险。

2）在安装轿厢的过程中，用手拉葫芦将轿厢整体吊起后，另用钢丝绳作承吊。不应长时间直接使用手拉葫芦承吊。

3）严禁私拆、调整出厂时已整定好的安全装置部件。

学习子任务 5.5　曳引钢丝绳的安装

基础知识

1. 曳引钢丝绳

1）电梯的曳引钢丝绳通过绳头组合分别悬挂着轿厢和对重，不仅要靠与曳引轮绳槽及钢丝绳之间的摩擦传递动力，还要有足够的安全系数，因此曳引钢丝绳是电梯中的重要构件。在电梯运行时弯曲次数频繁，并且由于电梯经常处于起动、制动状态下工作，所以不但承受着交变弯曲应力，也承受着动载荷。同时要求能抵消在工作时所产生的振动和冲击。

2）常用的钢丝绳结构有 8 股×19 丝和 6 股×19 丝两种。

3）曳引钢丝绳的公称直径是指钢丝绳外围的直径，常用的公称直径有 8mm、10mm、11mm、13mm、16mm、19mm 和 22mm 等规格。

4）曳引钢丝绳一般采用半绕式绕法，钢丝绳在曳引轮槽上最大包角为 180°，按 1∶1 比例缠绕，轿厢速度等于曳引钢丝绳传动速度。

2. 曳引钢丝绳的绳头组合

绳头组合的作用是固定曳引钢丝绳和调整钢丝绳张力。《电梯制造与安装安全规范》GB 7588—2003 规定绳头组合的拉伸强度不低于钢丝绳拉伸强度的 80%。电梯曳引钢丝绳常用的绳头组合方式有绳卡式、插接式、金属套筒式、锥形套筒式和自锁紧楔形绳头组合等，在本任务中选用自锁紧楔形绳头组合，如图 5-60 所示。

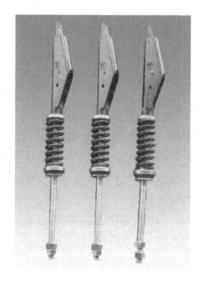

图 5-60　自锁紧楔形绳头组合

工作步骤

步骤一：观察

在指导教师的带领下，分组参观 YL-777 型电梯实训设备和透明可视的观光电梯，观察曳引钢丝绳及绳头组合的类型和安装情况，记录于表 5-17 中。

表 5-17　观察曳引钢丝绳及绳头组合记录表

内　　容	YL-777 型电梯实训设备	观光电梯 1	观光电梯 2
曳引钢丝绳			
曳引钢丝绳的绳头组合			
其他相关记录			

步骤二：曳引钢丝绳及绳头组合的安装

在指导教师的带领下，以 6 人为一组进行曳引钢丝绳及绳头组合安装实训。

（1）准备工作

1）围蔽作业区，查看井道和相关的设计图，确定安装流程。

2）由组长负责工作分配，准备工具，穿戴好安全防护用品后（要求互检）携带工具箱进入作业现场，做好安装前的准备工作。

（2）计算曳引钢丝绳的长度（见图 5-61）

若电梯的曳引比为 1∶1，计算曳引钢丝绳的总长度。计算公式为

$$L = S + 2M + H$$

式中　L——总长度；

$\quad\;\; S$——轿厢绳头组合出口处至对重绳头组合出口处的绕绳轨迹长度；

$\quad\;\; M$——钢绳在绳头组合内，包括绳头尾端的全长度；

$\quad\;\; H$——轿厢在顶层安装时垫起的高度。

（3）曳引钢丝绳的安装

1）提升曳引钢丝绳。提升曳引钢丝绳前，曳引钢丝绳务必"退扭"（井道中静挂钢丝

绳时长 12h 以上，释放其扭力，使其处于自然状态）。现场须小心挂置曳引钢丝绳，防止被水、水泥或砂砾等建筑材料损坏。当从绳鼓上倒曳引钢丝绳时，切记勿使曳引钢丝绳扭曲或扭结。扭结的钢丝绳不能使用。

2）截取曳引钢丝绳时必须用布将钢丝绳擦拭干净，消除钢丝绳的打结、扭曲、松股等现象，并根据样线 L 量度钢丝绳长度。如图 5-62 所示，在钢丝绳切断处包扎乙烯胶带，最后再用砂轮机切断钢丝绳。

3）挂绳方法。在挂钢丝绳之前，先做钢丝绳的一端绳头组合，这样另一头可以根据实际尺寸确定钢丝绳长度，而且可以使每根钢丝绳的张力大致均匀。先将一端钢丝绳绳头固定，楔形自锁绳头的双螺母拧至开口销处，确保钢丝绳张力有调节余量，而楔形自锁绳头安装时应使它长短均匀、整齐。另一端则绕过曳引轮、导向轮后，由四五个人用不小于 150kgf 的力将钢丝绳拉紧，然后装调好对重侧绳头，如图 5-63 所示。

（4）曳引钢丝绳松紧的调节

将轿厢置于井道的 1/3 或 3/4 距离处，用弹簧测量计水平拉对重钢丝绳时，用 100N 的力拉移 100～150mm，如图 5-64 所示。各钢丝绳横向拉出，记录测力计对每根绳的拉力并算出平均值，将每根钢丝绳的拉力与平均值做比较，要求各钢丝绳的拉力差不得超过 5%，各绳头基本齐平，误差在 5mm 以内。钢丝绳拉力调整后，绳头上双螺母必须互相锁紧，并穿入开口销，要求螺杆有适当调节余量。

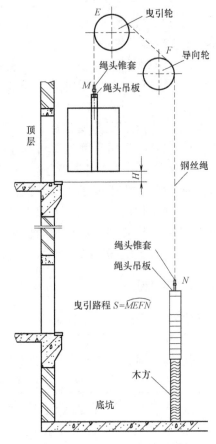

图 5-61 曳引钢丝绳长度计算示意图

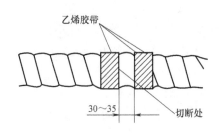

图 5-62 包扎曳引钢丝绳（单位：mm）

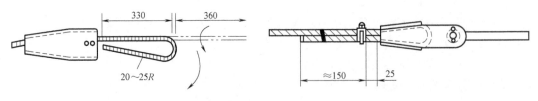

图 5-63 楔形自锁绳头（单位：mm）

相关链接

曳引钢丝绳的截断方法

　　测量好要截断钢丝绳长度，在距截口处两端 5mm 处将钢丝绳用 $\phi0.7\sim1mm$ 钢丝进行绑扎，绑扎长度不少于 15mm，并留出钢丝绳在锥体内长度 Z，如图 5-65 所示，确认长度无误后，用砂轮切割机、压力钳截断钢丝绳（注意不得使用电气焊截断，以免破坏钢丝绳机械强度）。

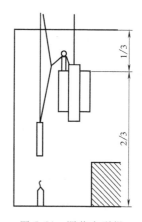

图 5-64　调节曳引绳

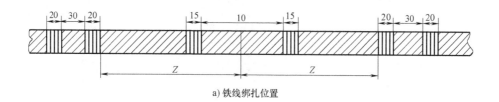

a) 铁线绑扎位置

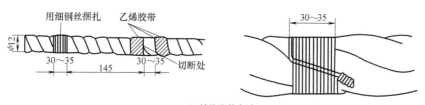

b) 铁线绑扎方法

c) 用液压钳截断钢丝绳

图 5-65　曳引钢丝绳截断的方法（单位：mm）

学习子任务5.6   缓冲器的安装

基础知识

缓冲器是电梯出现事故时轿厢或者对重蹲底时的最后一层安全保护装置。按结构可分为弹簧缓冲器、液压缓冲器和聚氨酯缓冲器，如图 5-66 所示。

a) 弹簧缓冲器

b) 液压缓冲器

c) 聚氨酯缓冲器

图 5-66   缓冲器

工作步骤

步骤一：观察

在指导教师的带领下，分组参观 YL-777 型电梯实训设备和透明可视的观光电梯，观察曳引钢丝绳及绳头组合的类型和安装情况，记录于表 5-18 中。

表 5-18   观察缓冲器记录表

内　容	YL-777 型电梯实训设备	观光电梯 1	观光电梯 2
缓冲器的类型			
其他相关记录			

步骤二：缓冲器的安装

在指导教师的带领下，以 6 人为一组进行曳引钢丝绳测量及绳头组合制作实训。

（1）准备工作

1）围蔽作业区，查看井道和相关的设计图，确定制作流程。

2）由组长负责工作分配，准备工具，穿戴好安全防护用品后（要求互检）携带工具箱进入作业现场，做好实训前的准备工作。

（2）安装缓冲器

1）清扫底坑垃圾和积水。

2）测量底坑的实际深度 H。

3）将轿厢盘车到顶层平层位置，测量对重缓冲座底部至底坑的距离比。

4）轿厢在两端站平层位置时，轿厢架撞板与缓冲器、对重撞板与缓冲器顶面间的距离，耗能型缓冲器应为 150~400mm，蓄能型缓冲器应为 200~350mm。

5）确认缓冲器座的水平度在 2/1000 之内。

6）确认缓冲器中心位置与轿厢架下梁的撞板或对重缓冲座撞板中心的偏心值<20mm。

7）轿厢侧或对重侧同时使用两个以上的缓冲器时，应确认缓冲器座之间的相互高度差在 2mm 以内，如图 5-67 所示。

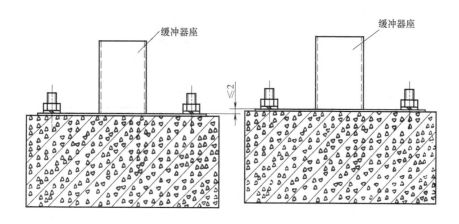

图 5-67　缓冲器高度差示意图（单位：mm）

8）将缓冲器放在缓冲器座上固定位置，紧固全部螺母。确认缓冲器的垂直度在 2mm 以内。

9）液压缓冲器上的安全开关在缓冲器动作后未恢复到正常位置时，使电梯不能正常运行。

10）当轿厢完全压在缓冲器上时，轿厢最低部分与底坑之间的净空距离不小于 500mm，且应有一个不小于 500mm×600mm×1000mm 的矩形空间。

评价反馈

1. 自我评价（40 分）

由学生本人根据学习任务完成情况进行自我评价，将评分值记录于表 5-19 中。

表 5-19　自我评价表

学习任务	项目内容	配分	评分标准	得分
学习子任务 5.4~ 5.6	1. 起吊安装对重的工序	20 分	1. 未遵守起吊安装工作的注意事项（扣 1~10 分） 2. 不佩戴安全防护用品（扣 1~10 分）	
	2. 曳引钢丝绳的选用和长度计算	20 分	1. 不会选用曳引钢丝绳（扣 1~5 分） 2. 不会根据井道的高度正确计算曳引钢丝绳的长度（扣 1~15 分）	

（续）

学习任务	项目内容	配分	评分标准	得分
学习子任务 5.4~ 5.6	3. 安装曳引钢丝绳	40分	1. 不会对提升曳引钢丝绳进行"退扭"（扣1~10分） 2. 不会挂曳引钢丝绳（扣1~10分） 3. 不会曳引钢丝绳楔形自锁式绳头的连接（扣1~10分） 4. 不会曳引钢丝绳松紧的调节（扣1~10分）	
	4. 缓冲器的安装	20分	1. 底坑作业安全的操作（发生不安全行为扣1~10分） 2. 不了解缓冲器的安装方法和标准（扣1~10分）	
			总评分=（1~4项得分之和）×40%	

签名：_____ _____年___月___日

2. 小组评价（30分）

由同一实训小组的同学结合自评的情况进行互评，将评分值记录于表5-20中。

表5-20　小组评价表

项目内容	配分	评分
1. 实训记录与自我评价情况	30分	
2. 完成实训工作任务的质量	30分	
3. 互相帮助与协作能力	20分	
4. 安全、质量意识与责任心	20分	
总评分=（1~4项得分之和）×30%		

参加评价人员签名：_____ _____年___月___日

3. 教师评价（30分）

由指导教师结合自评与互评的结果进行综合评价，并将评价意见与评分值记录于表5-21中。

表5-21　教师评价表

教师总体评价意见：

	教师评分（30分）	
总评分=自我评分+小组评分+教师评分		

教师签名：_____ _____年___月___日

任务小结

在安装井道内设备的整个工序流程中，对安全防护的高要求和安全生产的严教育应始终放在第一位；其次就是作业人员必须要有高度的责任感，对安装工艺要求做到高标准。同时熟悉整个安装工序和具有娴熟的技能也是必不可少的。

通过学习本任务，要学会起吊安装对重的工序、正确选用曳引钢丝绳、根据井道的高度正确计算曳引钢丝绳的长度、曳引钢丝绳绳头组合制作（楔形自锁式绳头）和连接方法、曳引钢丝绳张力的调节、缓冲器的安装方法和标准引用。

思 考 与 习 题

5-1 填空题

1. 导轨支架是导轨的支承件，要求每根导轨至少应有_____导轨支架。

2. 每两个导轨支架的间距不应超过_____mm。由井道底坑算起，第一排导轨支架距底坑地面应不少于_____mm，最高一排导轨支架距井道顶棚应不少于_____mm。

3. 每个支架码托至少要由_____只膨胀螺栓来固定。

4. 轿厢导轨支架的撑脚长度应不大于_____mm。

5. 竖立最下面一段导轨时，底部应该用木块或砖头将导轨底部垫高约_____mm，其中50mm为卸荷校轨作业中抽去的部分。

6. 为便于导轨支架端部的焊接作业，应使支架端部与预埋件或井道壁留_____mm的间隙。

7. 竖立最上面一段导轨时，导轨截面距离机房楼板底应不小_____mm。

8. 采用卷扬机吊装导轨时，一般吊装总质量不超过_____kg。

9. 待装的曳引钢丝绳应在井道中静挂_____h以上，释放其扭力，使其处于自然状态。

10. 当轿厢完全压实在缓冲器上时，底坑底与轿厢最低部分之间的净空距离不小于_____mm，且应有一个不小于_____mm×_____mm×_____mm的矩形空间。

5-2 选择题

1. 井道内设备安装的一般流程是：(   )→(   )→(   )→(   )→(   )。
A. 安装轿厢与部件　　　　　B. 安装缓冲器
C. 安装曳引绳　　　　　　　D. 安装对重
E. 安装导轨

2. 导轨安装的流程是：(   )→(   )→(   )。
A. 导轨安装　　　　　　　　B. 导轨支架安装
C. 导轨校正

3. 当电梯井道高度在30~60m时，其垂直偏差应在(   )mm。
A. 0~45　　　　　　　　　　B. 0~50
C. 0~35　　　　　　　　　　D. 0~60

4. (   )式安全钳，由于制动后容易解脱，所以使用广泛。
A. 双楔　　　　　　　　　　B. 滚子
C. 偏心块　　　　　　　　　D. 齿轮

5. 导轨支架常用的安装方法有(   )、(   )和(   )三种。

A. 膨胀螺栓紧固法　　　　　　　　B. 预埋地脚螺栓法
C. 对穿螺栓法　　　　　　　　　　D. 预埋钢板焊接法
E. 直接埋入法

6. 导轨支架的焊缝必须是（　　）的。

A. 连续　　　　　　　　　　　　　B. 断续

C. 随意

7. 乘客电梯广泛使用的导轨有（　　）形导轨、（　　）形导轨和空心形导轨三种。

A. Ω　　　　　　　　　　　　　　B. T

C. L　　　　　　　　　　　　　　D. Π

8. 校正导轨接头的平直度时，应拧松（　　），逐根调直。

A. 导轨支架固定螺栓　　　　　　　B. 两头邻近的导轨连接板螺栓

C. 所有螺栓　　　　　　　　　　　D. 压轨板

9. 使用的垫片数超过（　　）件或厚度超过（　　）mm 时，要把垫片点焊在导轨支架上。

A. 3　　　　　　　　　　　　　　B. 4

C. 5　　　　　　　　　　　　　　D. 6

10. 轿厢安装的流程是：（　　）→安全钳→（　　）→（　　）→导靴→轿底→（　　）→轿顶→自动门机→（　　）。

A. 上梁　　　　　　　　　　　　　B. 下梁

C. 直梁　　　　　　　　　　　　　D. 轿门

E. 轿壁

11. 轿厢的组装工作一般都在（　　）层站进行。

A. 上端　　　　　　　　　　　　　B. 中间

C. 下端　　　　　　　　　　　　　D. 基站

12. 电梯轿厢斜拉杆一定要上（　　）个螺母拧紧。

A. 1　　　　　　　　　　　　　　B. 2

C. 3　　　　　　　　　　　　　　D. 4

13. 轿厢导轨和设有安全钳的对重导轨工作面接头处不应有连续缝隙，导轨接头处台阶不应大于（　　）mm。如超过应修平，修平长度应大于（　　）mm。

A. 0.05；1000　　　　　　　　　　B. 0.1；100

C. 0.5；150　　　　　　　　　　　D. 0.1；150

14. 中、低速电梯，轿厢左、右两根导轨工作顶面的水平距离安装施工的偏差为+（　　）mm。

A. 1　　　　　　　　　　　　　　B. 2

C. 3　　　　　　　　　　　　　　D. 4

15. 导轨对接安装，两根导轨的工作面对接不平需修正刨平时，其修刨的长度应不小于（　　）mm。

A. 100　　　　　　　　　　　　　B. 200

C. 300　　　　　　　　　　　　　D. 400

5-3　判断题

1. 导轨对接时，严禁将手放在导轨的接头部位。（　　）

2. 不应长时间使用手拉葫芦承吊轿厢。(　　)

3. 可以使用电气焊截断曳引钢丝绳。(　　)

4. 顶层端站是指最高的轿厢停靠站。(　　)

5. 当电梯井道高度≤30m 时，其垂直偏差值可以大于 50mm。(　　)

6. 导轨是为电梯轿厢和对重提供导向的部件。(　　)

7. 对重与轿厢对应，悬挂在曳引绳的另一端，起平衡轿厢重量的作用。(　　)

8. 电梯井道内脚手架上的脚手板应使用厚度为 50mm、宽度为 200mm 以上的木板。(　　)

9. 电梯井道上下可以同时作业。(　　)

5-4　综合题

1. 试述导轨支架安装的基本操作步骤与注意事项。

2. 试述导轨安装与校正的基本操作步骤与注意事项。

3. 试述轿厢与相关部件安装的基本操作步骤与注意事项。

4. 试述对重设备安装的基本操作步骤与注意事项。

5. 试述曳引钢丝绳安装的基本操作步骤与注意事项。

6. 试述缓冲器安装的基本操作步骤与注意事项。

5-5　试述对本学习任务与实训操作的认识、收获与体会。

学习任务6

层门地坎及层门安装

任务分析

本任务主要学习电梯层门的安装方法，包括层门地坎安装、门套及层门门头组件安装。

建议学时

建议完成本任务为6~8学时。

任务目标

应知

1）了解层门的结构。

2）理解层门各部分的安装技术标准。

3）掌握层门各部分的安装流程。

应会

学会层门地坎、层门门框及门套、层门导轨、层门门扇和层门门锁安装的基本操作步骤。

学习子任务6.1 层门地坎安装

基础知识

1. 层门

层门也称为"厅门"，层门地坎是电梯井道出入口地面的金属水平构件，承重较小的客梯多采用铝型材，承重较大的货梯多采用铸铁件，如图6-1所示。

层门地坎有两个作用，一是地坎上设有导向槽，作为限制电梯门的活动范围的导向部件；二是保证层门和轿厢的相对位置。

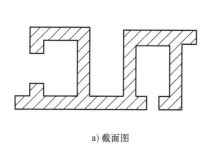

a) 截面图

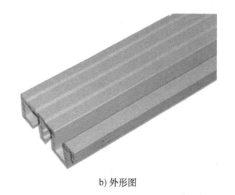

b) 外形图

图 6-1　层门地坎

2. 层门地坎的安装

层门地坎安装的一般流程是：

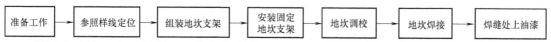

根据土建施工有无混凝土地坎托架结构，地坎的安装一般分有混凝土地坎托架和无混凝土地坎托架两种类型。对于无混凝土地坎托架有焊接和膨胀螺栓两种钢固定地坎托架的方法。

3. 层门地坎安装的技术要求

1）地坎安装位置允许误差值见表 6-1。

表 6-1　地坎安装位置误差标准　　　　　　　　　　　　　（单位：mm）

误差部位	允许误差	测定范围	图　　示
左右的水平度	不大于 1/1000	在 OP 间的尺寸	
前后的水平度	±0.5mm	在地坎宽度上的尺寸	
地坎间隙	A_{-1}^{+2} mm	相对于轿厢地坎在 OP 间，A 为轿厢地坎与层门地坎之间的间隙	

对于较长的层门地坎，用一般的 600mm 水平尺难以对其进行水平度校正，可以用水管测量地坎多点，从而确定其水平度。

2）地坎和建筑基准线的安装误差：前后、左右、上下均应在 ±1.0mm 以内。

3）轿厢地坎与层门地坎之间的间隙不能大于 35mm。轿厢地坎与层门地坎之间的间隙误差在 -1~2mm 之间。

4）层门地坎要高于土建完工装饰面 2~5mm。在装饰面施工时制作 1：50 的斜坡，方便人员和货物的进出。在地下室等容易进水的楼层，要增大此尺寸，必要时要加装大理石挡水，防止水流入电梯井道。

工作步骤

步骤一：观察

在指导教师的带领下，分组参观 YL-777 型电梯实训设备和透明可视的观光电梯，观察层门地坎的类型和安装情况，记录于表 6-2 中。

表 6-2 观察层门地坎记录表

内　　容	YL-777 型电梯实训设备	观光电梯 1	观光电梯 2
层门地坎的类型			
其他相关记录			

步骤二：复核基准线

在指导教师的带领下，以 6 人为一组进行层门地坎安装实训。

（1）准备工作

1）围蔽作业区，查看井道和相关的设计图，确定安装流程。

2）由组长负责工作分配，准备工具，穿戴好安全防护用品后（要求互检）携带工具箱进入作业现场，做好安装前的准备工作。

（2）对基准线进行复核，出现偏差时需要重新放样

1）根据电梯层门地坎中心及净开门宽度，在地坎上画出净开门中心线和净开门宽度线 3 条基准线，并在相应的位置打上 3 个标记，作为以后地坎定位的标记。

2）在层门样板架上，如图 6-2 所示，由样板放下两条层门宽度标准线、层门开门中心线。

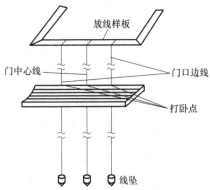

图 6-2　复核基准线

步骤三：制作支架，安装地坎

1）额定载质量在 1000kg 及以下的各类电梯，用不小于 65mm 的等边角钢制作地坎托架（不少于 3 个），然后焊接并装上地坎，如图 6-3 所示。

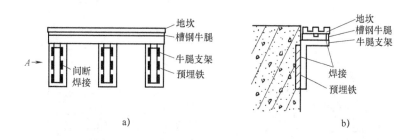

图 6-3　地坎托架 1

2）额定载质量在 1000kg 以上的各类电梯，可采用 10mm 的钢板及槽钢制作地坎托架（不少于 5 个），然后焊接并装上地坎，如图 6-4 所示。

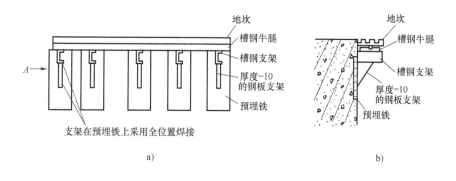

图 6-4　地坎托架 2（单位：mm）

3）对地坎调校检验符合标准后，焊缝加刷油漆。

学习子任务 6.2　门套及层门门头组件的安装

基础知识

1. 门套

门套是保护装饰面墙角的电梯层门部件，同时也使层门更加美观。门套一般多使用不锈钢和大理石两种材料，如图 6-5 所示。

（1）门套安装的技术要求（见图 6-6）

1）门套上框架安装时的水平度误差应 ≤1/1000。

2）门套直框架安装时的垂直度误差应 ≤1/1000。

3）门套安装完成后，要保证有足够的固定强度，防止在土建灌注时移位。

a) 不锈钢门套　　　　　　　　　b) 大理石门套

图 6-5　门套

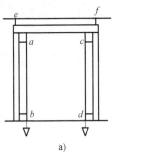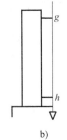

左右歪斜：$|a-b|$，$|c-d|\leqslant1$
前后歪斜：$|g-h|\leqslant1$
上端水平：$|e-f|\leqslant1$

a)　　　　　　b)

图 6-6　门套安装技术要求（单位：mm）

（2）门套安装的一般流程

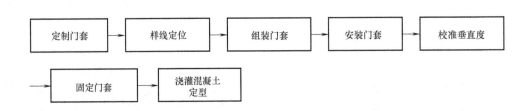

2. 层门组件

（1）层门组件的结构

层门组件包括门扇滑动导向装置、门锁及门锁锁紧检测装置、门挂板、门扇、门传动机构和门自闭装置等，如图 6-7 所示。

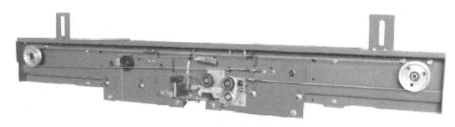

图 6-7　层门门头组件

（2）层门组件安装的一般流程

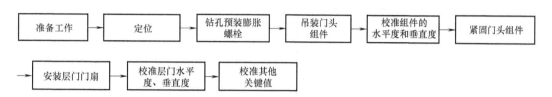

工作步骤

步骤一：观察

在指导教师的带领下，分组参观 YL-777 型电梯实训设备和透明可视的观光电梯，观察层门组件的类型和安装情况，记录于表 6-3 中。

表 6-3　观察层门组件记录表

内　　容	YL-777 型电梯实训设备	观光电梯 1	观光电梯 2
门扇滑动导向装置			
门锁及门锁锁紧装置			
门系合装置			
门传动机构			
门自闭装置			
其他相关记录			

步骤二：安装门套

在指导教师的带领下，以 6 人为一组进行层门门套和组件的安装实训。

（1）准备工作

1）围蔽作业区，查看井道和层门组装相关的设计图，确定安装流程。

2）由组长负责工作分配，准备工具，穿戴好安全防护用品后（要求互检）携带工具箱进入作业现场，做好安装前的准备工作。

（2）安装

1）用螺栓连接门套横梁和门套立柱，该作业应在平坦的地方垫在木板上进行，以免划伤门套。调整门套横梁与门套立柱互相平齐、垂直，必要时可加入垫片进行调整。同时确认在横梁位置左、右门套立柱的间距为开门宽度±1mm。

2）在安装门套时应使其中心线对准门口的中心线，并且使其竖套保持前后、左右两个方向的垂直度。同时，门套与门扇之间的间隙应均匀且保证≤6mm，调整好后按门套加强板的间距将钢筋或膨胀螺栓打入墙中后，与门套加强板用焊接方式固定，焊接作业的焊缝高度为4mm。然后清除焊接处的焊渣，涂上防锈油漆，如图6-8所示。

步骤三：安装门头组件及固定门扇

1）在层门门头导轨上画好开门中线，使其与地坎开门中线重合后固定门头。

2）挂上层门门扇，应保证门扇前后垂直，并保证门扇与门套之间、门扇与地坎之间的间隙≤6mm，且用手推拉时应无撞击或跳动现象，运行顺畅，如图6-9所示。

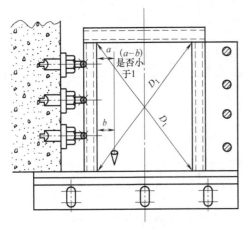

图6-8　门套安装示意图（单位：mm）

图6-9　门扇与地坎之间的间隙

3）在门扇关闭的状态下，确认门扇与门扇或门套相互之间的倾斜度应保持在2mm以内，如图6-10所示。

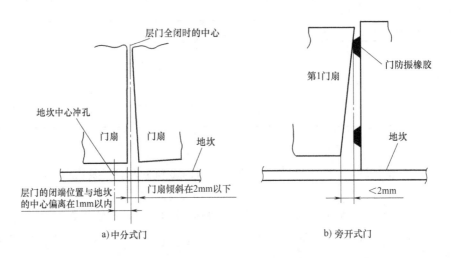

a) 中分式门　　　　　　b) 旁开式门

图6-10　门扇与门扇、门套之间间隙要求

4）调整门导轨与限位轮的间隙为0.3~0.7mm，用塞尺进行调整，如图6-11所示。

5）层门安装结束后，应进行检查，利用自闭装置确保层门停在任何位置都可以自动关闭。

步骤四：主门锁的安装及相关标准

1）层门主门锁的结构如图6-12所示。将主门锁装在门挂板上。

图 6-11 门导轨与限位轮的间隙调整

门导轨与限位
轮的间隙调整
为0.3～0.7mm

a) 实物图

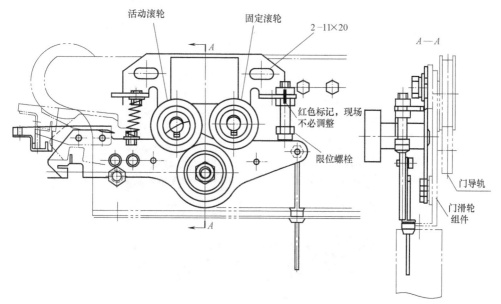

活动滚轮　固定滚轮　2−11×20　　　　　　　A—A

红色标记，现场
不必调整

限位螺栓

门导轨

门滑轮
组件

b) 结构示意图

图 6-12 层门门锁（单位：mm）

2）确认在厅外用三角钥匙可以顺利地将门锁打开,

3）确认轿门地坎与门锁滚轮的间隙为 5~10mm, 如图 6-13 所示。

4）使门锁与系合装置重合,确认门锁滚轮与系合装置门刀的间隙参考值为（8±2）mm。如果尺寸超标时,应调整门系合装置与门锁的相互位置,如图 6-14 所示。

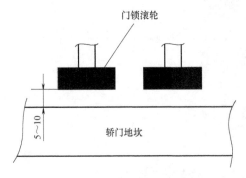

图 6-13　门地坎与门锁滚轮间隙调整示意图（单位：mm）

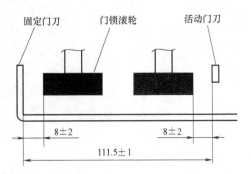

图 6-14　门系合装置与门锁相互位置示意图（单位：mm）

5）利用门锁的安装长圆孔左右调整门锁位置,将门锁钩与门锁座的间隙调整为 2~3mm,即门锁钩的竖向基准线与门锁座挂钩面对齐,如图 6-15 所示。

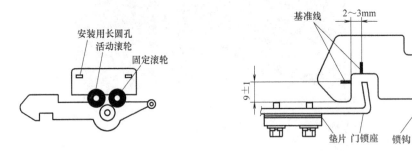

a)

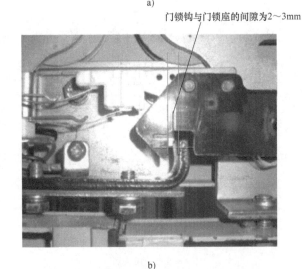

b)

图 6-15　层门门锁安装间隙示意图

6）确认门锁电气触点接通时，门锁钩与挡板啮合余量不应小于7mm，如图6-16所示。

7）确认门锁触点的超行程参考值为（4±1）mm，如图6-17所示。

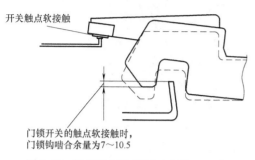

图6-16　门锁调整示意图（单位：mm）

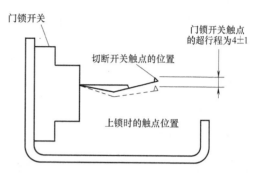

图6-17　门锁触点调整示意图（单位：mm）

8）确认层门关闭后即使在门下端施加外力也无法把门打开。

步骤五：副门锁的安装及相关标准

1）副门锁的结构如图6-18所示。副门锁开关和打板已在制造时安装好并与门上坎一起发至现场。

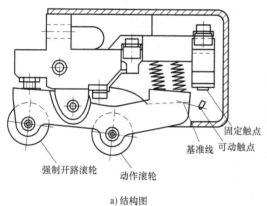

a) 结构图

b) 外形图

图6-18　副门锁

2）调整打板与强制开路滚轮的间隙为0.5~1mm，与动作滚轮下端间隙为（5±1）mm，如图6-19所示。

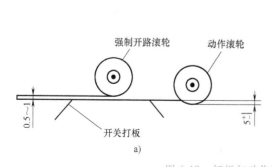

a)

b)

图6-19　打板与动作滚轮下端间隙调整

3）确认副门锁开关触点的超行程为 2~3mm，如图 6-20 所示。

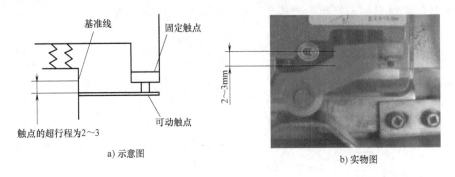

a) 示意图   b) 实物图

图 6-20　副门锁开关触点调整图（单位：mm）

评价反馈

1. 自我评价（40 分）

由学生本人根据学习任务完成情况进行自我评价，将评分值记录于表 6-4 中。

表 6-4　自我评价表

学习任务	项目内容	配分	评 分 标 准	得分
学习任务 6	1. 安全施工	10 分	不佩戴安全防护用品(扣 1~10 分)	
	2. 层门地坎的安装	20 分	1. 不会对层门的基准线进行复核或重新放线(扣 1~10 分) 2. 不会按照预埋钢板焊接地坎托架的方法进行安装(扣 1~10 分)	
	3. 安装门套	20 分	1. 不遵守安装门套的标准和要求(扣 1~10 分) 2. 不了解安装门套的程序(扣 1~10 分)	
	4. 门头组件和层门的安装调整	30 分	1. 不会固定门套(扣 1~10 分) 2. 不会安装层门(扣 1~10 分) 3. 不会调整层门的垂直度和间隙(扣 1~10 分)	
	5. 层门门锁的调整标准	20 分	1. 不会安装层门主门锁和副门锁(扣 1~10 分) 2. 不会调整门锁各尺寸(扣 1~10 分)	
			总评分＝(1~5 项得分之和)×40%	

签名：＿＿＿＿＿＿＿＿＿＿＿＿＿＿　＿＿＿＿年＿＿月＿＿日

2. 小组评价（30 分）

由同一实训小组的同学结合自评的情况进行互评，将评分值记录于表 6-5 中。

3. 教师评价（30 分）

由指导教师结合自评与互评的结果进行综合评价，并将评价意见与评分值记录于表 6-6 中。

表6-5　小组评价表

项 目 内 容	配分	评分
1. 实训记录与自我评价情况	30分	
2. 完成实训工作任务的质量	30分	
3. 互相帮助与协作能力	20分	
4. 安全、质量意识与责任心	20分	
总评分＝(1～4项得分之和)×30%		

参加评价人员签名：_____　_____年___月___日

表6-6　教师评价表

教师总体评价意见：

教师评分(30分)	
总评分＝自我评分+小组评分+教师评分	

教师签名：_____　_____年___月___日

任务小结

在电梯的运行过程中，层站和轿厢出入口是最容易发生事故的地方，电梯层门安装不当，门锁尺寸调整不符合要求，会导致很多故障和事故。通过完成本任务，学会层门地坎、层门门框及门套、层门导轨、层门门扇和层门门锁安装的基本操作步骤，对电梯地坎及层门的安装方式有较全面的了解，在安装电梯层门时，除对层门的质量技术指标进行检查外，还应重点检查安全保护装置的有效性和可靠性，以尽量减少电梯层门发生安全事故的可能性。

思 考 与 习 题

6-1　填空题

1. 参加电梯安装的技术工必须经过特种作业_____培训考核，并持有"特种作业操作证"。

2. 门系统是乘客或货物的进出口，它由_____、_____、_____、_____、_____等组成，所有_____和_____关闭后，电梯才能运行。

3. 层站是指各楼层用于出入_____的地点。

4. 基站是指轿厢无投入指令运行时_____的地点。

5. 带传动是依靠带与带轮之间的_____来传动的。

6. 电梯开门刀与层门地坎、层门锁滚轮与轿门地坎的距离均应为_____mm。

7. 电梯平层装置一般由_____和_____组成。

8. 层门锁钩、锁臂及触点动作应灵活，在电气安全装置动作之前，锁紧元件的最小啮合长度为_____mm。

6-2 选择题

1. 门滑块固定在门扇下底端，每个门扇一般至少装有（ ）只门滑块。

A. 1   B. 2   C. 3   D. 4

2. 层门门扇与门扇、门扇与门套、门扇下端与地坎的间隙，乘客电梯应为（ ）mm，载货电梯应为（ ）mm。

A. 0~6，0~8   B. 1~6，1~8   C. 1~6，1~10   D. 1~8，1~10

3. 地坎是轿厢或层门入口出入轿厢的带槽（ ）踏板。

A. 木制   B. 混凝土   C. 金属   D. 橡胶

6-3 判断题

1. 运送乘客又运载货物的电梯称为乘客电梯。（ ）

2. 电梯轿厢门的安装装置如光电保护等，当门关闭过程中碰触到人或物时，门应重新开启。（ ）

3. 地坎就是各楼层出入轿厢的地点。（ ）

4. 层门完全闭合后，门锁锁紧件的啮合长度应小于7mm。（ ）

5. 电梯开门刀都是双刀式。（ ）

6. 电梯轿门是靠层门带动打开的。（ ）

7. 自重力向下锁紧式（下钩式）门锁是国家标准中规定使用的门锁。（ ）

8. 电梯轿厢在开门区以外可以开着厅、轿门慢速运行。（ ）

9. 要求货梯层门和轿门与周围的缝隙和门扇之间的缝隙不大于10mm。（ ）

10. 当轿厢在开锁区域时，门锁方能打开，使开门机构动作，驱动轿门、层门开启。（ ）

6-4 综合题

1. 试述安装层门地坎的基本操作步骤与注意事项。
2. 试述安装层门门套的基本操作步骤与注意事项。
3. 试述安装层门门扇的基本操作步骤与注意事项。
4. 试述安装层门门锁的基本操作步骤与注意事项。

6-5 试述对本学习任务与实训操作的认识、收获与体会。

学习任务7

机房设备安装

任务分析

本任务主要学习电梯机房内设备安装，包括承重梁的安装、导向轮的安装、曳引机的安装、限速装置的安装等。

建议学时

建议完成本任务为8~10学时。

任务目标

应知

1）了解机房设备的组成。

2）理解机房各设备的安装技术标准。

3）掌握机房各设备的安装流程。

应会

学会承重梁、导向轮、曳引主机和限速装置安装的基本操作步骤。

学习子任务7.1 承重梁的安装

基础知识

1. 机房设备安装概述

电梯机房如图7-1所示，机房内的主要设备有曳引机、限速器、控制柜，以及用于救援的设备（如盘车手轮等）。对机房的面积、高度、照明、湿度、通风、承重等都有明确的要求。电梯的机房要加锁，并标明"机房重地、闲人免进"等警示语。

图 7-1　电梯机房设备图

1—曳引机　2—盘车手轮　3—控制柜　4—承重梁

机房内设备安装的一般流程是：

安装承重梁 ——→ 安装导向轮 ——→ 安装曳引机 ——→ 安装限速装置

2. 承重梁的安装

机房的承重梁担负着电梯传动部分的全部负荷和静载负荷。因此，承重梁的两端必须由有足够强度的混凝土基座或钢梁支撑。

（1）承重梁的安装方法

承重梁可与导轨同时安装，应根据井道顶层至机房楼板高度、机房高度和机房内部件平面布置来选择承重梁的安装方法。

1）高、低速梯（有减速器）的承重梁安装方法：

① 当顶层高度足够时，可将承重梁根据布置图安置在机房楼板下面，这样能保证机房整齐。承重梁必须按照布置图的要求，以轿厢样板中心线为依据，找好电梯主机的安装位置，确定好承重梁的安装位置。

承重梁必须和楼板连成一体，如图 7-2 所示。承重梁放置后应进行水平校正。

② 当顶层的高度由于建筑

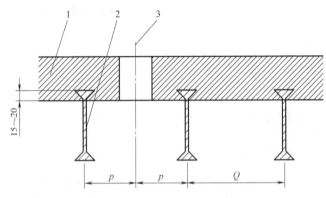

图 7-2　机房楼板下承重梁的埋设（单位：mm）

1—机房楼板　2—承重梁　3—轿厢（架）中心线

结构的影响不宜太高时，则把承重梁放置在机房楼板上。这种放置方法较上一种便利，如图7-3所示。

③ 当顶层高度由于建筑结构的影响而不宜太高，而机房机件的位置与承重梁发生冲突时，则把承重梁用两个混凝土台阶在离机房楼板平面小于600mm的地方架起，如图7-4所示。这种承重梁的放置要求机房有足够的高度，否则不方便对曳引机进行维护检修。

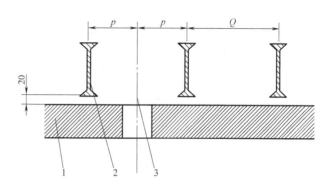

图 7-3　机房楼板上承重梁的埋设（单位：mm）

1—机房楼板　2—承重梁　3—轿厢（架）中心线

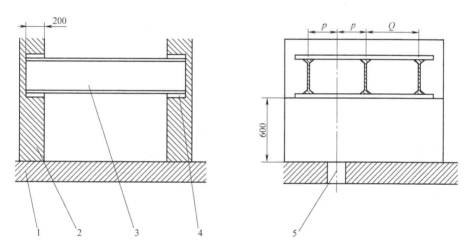

图 7-4　机房楼板上加台阶承重梁的埋设（单位：mm）

1—机房楼板　2—台阶　3—承重梁　4—连接板　5—轿厢（架）中心线

这种承重梁可以事先全部按要求制造后（包括各个孔径）再安装。承重梁放置好后，可用混凝土将承重梁两端封起。

2）高速梯（无齿轮）的承重梁的安装方法：

对于无减速器的高速梯，其承重梁采用30号槽钢，具体可参见相关技术文件。

（2）承重梁安装的技术要求

1）两端埋入墙内时，其埋入深度应超过墙厚度中心线20mm，承重梁两端埋入墙深度不得小于75mm，如图7-5所示。对于砖墙，下面应垫混凝土梁或不小于16mm厚的钢板。固定后用C200以上的混凝土浇筑，不得产生位移。

2）承重梁上平面（A面）的水平度应不大于0.5/1000mm，相邻承重梁之间允许的水平高度差为

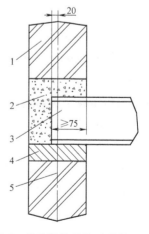

图 7-5　承重梁的埋设（单位：mm）

1—砖墙　2—混凝土　3—承重梁

4—过梁　5—墙中心线

2mm，如图 7-6 所示。

3）相互的平行度偏差应不大于 4mm。

4）凡机房通往井道的孔，均应在四周建一个高 50mm 以上的适当高度的台阶，以防止油、水等流入下井道，如图 7-7 所示，其中下部分图给出了钢丝绳与楼板孔洞的距离。

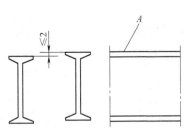

图 7-6　承重梁平面高度差
示意图（单位：mm）

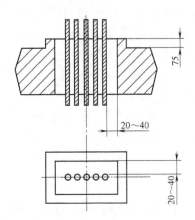

图 7-7　楼板孔洞和台阶（单位：mm）

工作步骤

步骤一：观察

在指导教师的带领下，分组参观 YL-777 型电梯实训设备或其他电梯，观察电梯机房设备及其安装情况，记录于表 7-1 中。

表 7-1　观察机房设备记录表

内　　容	YL-777 型电梯实训设备	电梯 1	电梯 2
曳引机			
限速器			
控制柜			
机房其他设备			
其他相关记录			

步骤二：承重梁的安装

在指导教师的带领下，以 6 人为一组进行承重梁安装实训。

（1）准备工作

1）围蔽作业区，查看井道和相关的设计图，确定安装流程。

2）由组长负责工作分配，准备工具，穿戴好安全防护用品后（要求互检）携带工具箱进入作业现场，做好安装前的准备工作。

（2）安装承重梁

1）测定承重梁安装位置。

根据机房布置图，结合承重梁的宽度、主机曳引轮、导向轮前后位置与曳引点对承重梁及主机的放置位置进行测量，使曳引轮、导向轮曳引中心点分别与轿厢中心、对重中心在同一垂线上。

　　2）安装与调整承重梁。

　　根据测定位置两端采用工字钢或槽钢架设两条承重梁，要求承重梁均应架设在井道承重墙上（井道钢架），支承高度应超过墙厚度中心线20mm，且不应小于75mm。承重梁水平误差应小于0.5/1000mm，承重梁间距根据电梯设备的"机房布置图"要求，偏差应小于0.5mm，两端用钢板焊成一个整体，如图7-8所示。

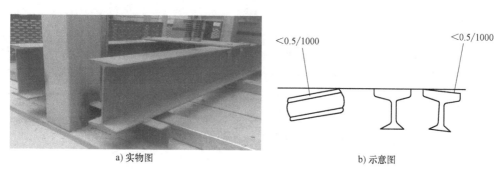

a) 实物图　　　　　　　　　　　　　　　　b) 示意图

图7-8　承重梁的安装（单位：mm）

学习子任务7.2　导向轮的安装

基础知识

　　导向轮是把曳引绳从曳引绳轮引向对重一侧或轿厢一侧所应用的绳轮，如图7-9所示。

　　导向轮的安装标准：

　　1）靠着轮边上端放铅垂线线坠检查下边之间间隙，其最大偏差不得超过0.5mm，如图7-10所示。

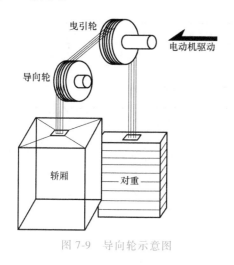

图7-9　导向轮示意图

图7-10　导向轮的垂直误差

　　2）导向轮安装位置偏差：在前后方向（向着对重方向）上不得超过3mm。

3）导向轮端面对曳引轮端面的平行度偏差不应超过 1mm。

4）校正后将全部紧固螺栓拧紧，做好标记。

工作步骤

步骤一：观察

在指导教师的带领下，分组参观 YL-777 型电梯实训设备或其他电梯，观察电梯机房曳引机上的导向轮及其安装情况，记录于表 7-2 中。

表 7-2　观察导向轮记录表

内　容	YL-777 型电梯实训设备	电梯 1	电梯 2
导向轮			
其他相关记录			

步骤二：导向轮的安装

在指导教师的带领下，以 6 人为一组进行导向轮安装实训。

（1）准备工作

1）围蔽作业区，查看井道和相关的设计图，确定安装流程。

2）由组长负责工作分配，准备工具，穿戴好安全防护用品后（要求互检）携带工具箱进入作业现场，做好安装前的准备工作。

（2）安装导向轮

参照随机安装图将导向装置组件用螺栓连接到机架上，机架与支承槽钢相连后，与缓冲橡胶一起安装在承重梁上适当位置。从机架上对着样板架上标注的对重中心点悬下一铅垂线线坠，在该铅垂线线坠两侧根据导向轮的宽度悬下另两根安装辅助铅垂线线坠，用以校正导向轮水平方向偏摆。

（3）导向轮的测量与校正

按照上述标准与步骤校正及测量已安装好的导向轮，并记录于表 7-3 中。

表 7-3　导向轮测量记录表

测量内容	测量记录/mm	备　注
导向轮垂直误差		
导向轮安装位置偏差		
导向轮端面与曳引轮端面的平行度偏差		

学习子任务 7.3　　曳引机的安装

基础知识

1. 曳引机

曳引机又称电梯主机，是电梯运行的动力源，它由永磁同步电动机、曳引轮、制动轮、制动系统和工字钢承重梁等部件组成，如图 7-11 所示。

2. 曳引机的安装方法

根据承重梁布置方式的不同，曳引机的安装也将采用不同的方式。

1）承重梁安置在机房内高出地面的两个钢筋混凝土台阶上时曳引机的安装：

① 参照曳引机生产厂家随机附带的安装说明书将曳引机与机座相连，用螺栓紧固，并将减振橡胶按图样连好。

② 放置曳引机（带座）于机房承重梁上，在机房的曳引机上方固定一直径为 3.25mm 的水平钢丝，如图 7-12 所示。

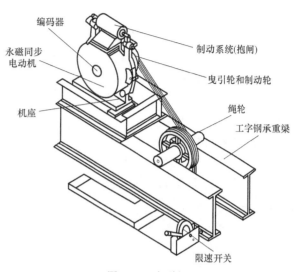

图 7-11　曳引机

③ 在该钢丝上悬挂两条铅垂线线坠来校正与井道样板架上标注的轿厢架与对重中心点的连线，使水平钢丝的垂直投影与两中心点的连线重合。对于 1∶1 绕法的曳引机，根据曳引绳中心计算的曳引轮直径 D_{CP} 长度，在水平钢丝上距离轿厢中心垂线 D_{CP} 处悬挂另一条铅垂线线坠，用来安置曳引机。对于 2∶1 绕法的曳引机，安装方法如图 7-13 所示。

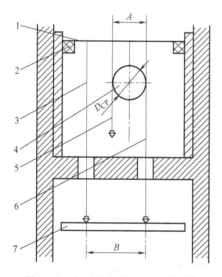

图 7-12　曳引机安装（1∶1 绕法）

1—水平线　2—木楞　3—至对重中心点铅垂线
4—曳引轮　5—铅垂线　6—至轿厢铅垂线　7—样板架
A—曳引轮节径　B—轿厢、对重中心距

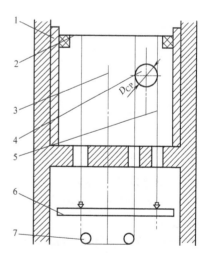

图 7-13　曳引机的安装（2∶1 绕法）

1—木楞　2—水平线　3—轿厢中心线
4—曳引轮　5—对重中心线
6—样板架　7—反绳轮

④ 调整曳引机座在承重梁上的位置，对准安装用的两条安装用铅垂线。用铅垂线和水平仪校正曳引机的中心线和水平度，用螺栓将曳引机减振橡胶紧固。

2）承重梁安置在楼板下面时曳引机的安装：

① 制作混凝土底座，应沿曳引机底盘每边大出 25~40mm 制作一混凝土底座，要求底座

表面平整，厚度一致，一般厚度为250~300mm，并预留出曳引机的地脚螺栓孔。

② 混凝土底座下面布置防振橡胶垫，其布置方法可参考具体的安装图。

3）承重梁安置在楼板上面时曳引机的安装：

将曳引机底盘的钢底板与承重梁焊接或螺栓连接，在钢板上面按要求布置防振橡胶。

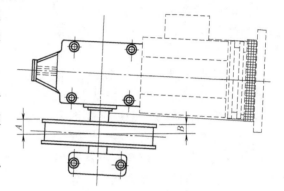

3. 曳引机安装要求

1）曳引机的安装偏差：前后（向着对重）方向不应超过±1mm，左右方向不应超过±1mm。

2）曳引轮水平扭转（如图7-14所示A、B的差值）不应超过0.5mm。

3）曳引轮轴方向和蜗杆方向的水平偏差均不得超过1/1000。

图7-14　曳引轮在水平面扭转偏差

工作步骤

步骤一：观察

在指导教师的带领下，分组参观 YL-777 型电梯实训设备或其他电梯，观察电梯曳引机及其安装情况，记录于表7-4中。

表7-4　观察曳引机记录表

内　　容	YL-777 型电梯实训设备	电梯1	电梯2
曳引机的类型(有无减速器)			
曳引电动机的类型			
其他相关记录			

步骤二：曳引机的安装

在指导教师的带领下，以6人为一组进行曳引机安装实训。

（1）准备工作

1）围蔽作业区，查看井道和相关的设计图，确定安装流程。

2）由组长负责工作分配，准备工具，穿戴好安全防护用品后（要求互检）携带工具箱进入作业现场，做好安装前的准备工作。

（2）吊装曳引机

曳引机主机都比较重，需要用起重设备（手拉葫芦）进行吊装，如图7-15所示。

（3）曳引机的定位与调整

1）把曳引机放置在承重梁上，对曳引机主机进行定位，紧贴于轮外缘放垂线，线坠尖与轿厢曳

图7-15　吊装曳引机

引中心对正，要求曳引轮位置前、后方向偏差不超过±1mm，左、右方向不超过±1mm；曳引轮的垂直偏差不大于2mm（见图7-16a）。

2）用螺栓将曳引机固定在承重梁上（见图7-16b）。

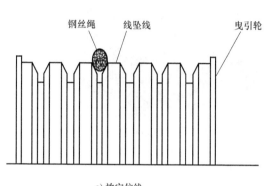

a）放定位线

b）固定曳引机

图7-16　曳引机的定位与调整

（4）曳引机的测量与校正

按照上述标准与步骤校正及测量已安装好的曳引机，并记录于表7-5中。

表7-5　曳引机测量记录表

测 量 内 容	测量记录/mm	备　　注
曳引轮位置前、后方向偏差		
曳引轮位置左、右方向偏差		
曳引轮垂直偏差		

学习子任务7.4　限速装置的安装

基础知识

1. 限速器

（1）限速器的类型

限速器是电梯重要的安全保护装置之一，常见的限速器有立式和卧式两种，如图7-17所示。

（2）限速器的工作原理

轿厢的运行速度通过限速器钢丝绳反映到限速器绳轮上，当电梯轿厢运行速度（一般是下行）达到限速器的电气设定速度时，限速器绳轮上的甩块因离心力的作用而往外张开触碰电气开关，切断电梯控制电路，使电动机和电磁制动器失电，曳引机停转。如果以上动作无效，电梯继续超速下降（超过额定速度115%），限速器绳轮上的甩块进一步往外张开，

a) 立式限速器   b) 卧式限速器

图 7-17　限速器

继而触碰夹绳钳，带动压块卡住限速器钢丝绳，通过限速器钢丝绳提拉起安全钳连杆机构动作，带动安全钳动作，牢牢夹住轿厢导轨，把轿厢夹持（制停）在导轨上。

（3）限速器安全装置

限速器安全装置主要由限速器、限速器钢丝绳、张紧装置等组成，如图 7-18 所示。

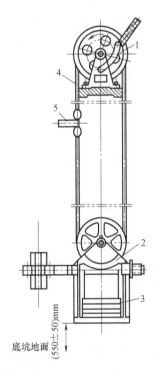

图 7-18　限速器安全装置

1—限速器　2—张紧轮　3—张紧重锤　4—限速器钢丝绳　5—联动手柄

2. 限速器的安装标准与要求

限速器在出厂时已经经过严格检查,工作速度已设定,安装时不准随意调整限速器的弹簧压力,以免影响限速器的动作速度。轿厢限速器的动作速度不低于轿厢额定速度的115%。

1)根据"限速器张紧轮装置安装图",确定限速器在机房中的位置。

2)张紧轮安放在底坑的轿厢导轨上。张紧轮重坨底面与底坑之间的距离按照表7-6选取(特殊情况除外)。

表7-6 张紧轮重坨底面与底坑间距离标准

电梯类别	高速梯	快速梯	低速梯
重坨底面与底坑间距	(750±50)mm	(550±50)mm	(400±50)mm

3)在限速器轮槽中放一条铅垂线线坠,一端通过楼板至轿厢架上限速器绳板与绳头中心对正,另一端至底坑张紧轮对正张紧轮的绳槽。校正后用地脚螺栓使之与机房楼板稳固。

4)埋入地脚螺栓应做成自螺母表面伸出约5mm的高度。限速器的安装基础可用混凝土做成,高约50mm,四周每边应较限速器底座大20~40mm。

5)限速器安装位置在前后左右方向误差不应超过3mm。

6)限速器绳轮的垂直偏差不大于0.5mm,如图7-19所示。

7)限速器钢丝绳距离导轨的尺寸 A、B(见图7-20)的偏差不应超过10mm,其尺寸见具体布置图。

8)可直接将钢丝绳绕过上、下两轮,并按所需长度截绳,也可以按布置图位置尺寸计算所需绳长后截绳。调整好钢丝绳长度后将绳头用绳夹连接固定在安全钳拉杆手柄上。

9)待绳悬挂好后,移动涨紧轮与导轨连接的支架,调节断绳开关在适当位置,使其在绳断或绳索伸长时,断绳开关能切断控制回路使电梯停止运行,且绳索在电梯的正常运行中不应触及夹绳钳。

10)张紧装置对绳索的每分支拉力应不小于150N。

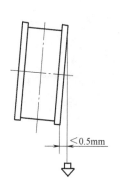

图7-19 限速器绳轮的垂直偏差

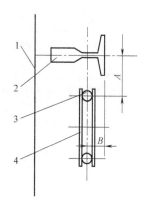

图7-20 限速器钢丝绳与导轨的距离
1—轿厢底的外廓 2—导轨
3—限速器绳索 4—张紧轮

工作步骤

步骤一：观察

在指导教师的带领下，分组参观 YL-777 型电梯实训设备或其他电梯，观察电梯限速器及其安装情况，记录于表 7-7 中。

表 7-7　观察限速器记录表

内　　容	YL-777 型电梯实训设备	电梯 1	电梯 2
限速器的类型			
其他相关数据记录			

步骤二：限速器的安装

在指导教师的带领下，以 6 人为一组进行曳引机安装实训。

（1）准备工作

1）围蔽作业区，查看井道和相关的设计图，确定安装流程。

2）由组长负责工作分配，准备工具，穿戴好安全防护用品后（要求互检）携带工具箱进入作业现场，做好安装前的准备工作。

（2）安装限速器

1）根据土建图及轿厢和导轨位置确定限速器位置，并通过螺栓或焊接固定在机房楼板上。

2）限速器绳轮垂直度偏差不超过 0.5mm，限速器钢丝绳与机房预留孔中心对准，误差不超过 2mm。

（3）安装限速器钢丝绳与张紧装置

1）限速器钢丝绳两端穿过限速器绳轮和张紧轮，两端制作绳头组合，并与安全钳拉杆手柄连接，如图 7-21 所示。

a)　　　　　　　　　　　　　　　　　　b)

图 7-21　安装限速器钢丝绳

2）限速器张紧装置与轿厢导轨相连接，并要求限速器绳轮和张紧轮中心须铅垂且同面。张紧轮开关应保证在发生钢丝绳折断、脱轮、绳夹脱钩使张紧装置发生下坠危险时，能迅速可靠地切断控制回路，如图 7-22 所示。

图 7-22　限速器张紧装置的安装

评价反馈

1. 自我评价（40分）

由学生本人根据学习任务完成情况进行自我评价，将评分值记录于表 7-8 中。

表 7-8　自我评价表

学习任务	项目内容	配分	评分标准	得分
学习任务 7	1. 安全施工	10 分	不佩戴安全防护用品（扣 1~10 分）	
	2. 承重梁的安装	20 分	1. 没有掌握承重梁安装的标准和要求（扣 1~10 分） 2. 不会安装承重梁（扣 1~10 分）	
	3. 导向轮的安装	20 分	1. 没有掌握导向轮安装的标准和要求（扣 1~10 分） 2. 不会安装导向轮（扣 1~10 分）	
	4. 曳引机的安装	30 分	1. 没有掌握曳引机安装的标准和要求（扣 1~15 分） 2. 不会安装曳引机（扣 1~15 分）	
	5. 限速器的安装	20 分	1. 没有掌握限速器安装的标准和要求（扣 1~10 分） 2. 不会安装限速器（扣 1~10 分）	
			总评分 =（1~5 项得分之和）×40%	

签名：_____　　_____年____月____日

2. 小组评价（30分）

由同一实训小组的同学结合自评的情况进行互评，将评分值记录于表 7-9 中。

表 7-9　小组评价表

项目内容	配分	评分
1. 实训记录与自我评价情况	30 分	
2. 完成实训工作任务的质量	30 分	
3. 互相帮助与协作能力	20 分	
4. 安全、质量意识与责任心	20 分	
总评分 =（1~4 项得分之和）×30%		

参加评价人员签名：_____　　_____年____月____日

3. 教师评价（30分）

由指导教师结合自评与互评的结果进行综合评价，并将评价意见与评分值记录于表 7-10 中。

表 7-10　教师评价表

教师总体评价意见：

教师评分（30分）	
总评分＝自我评分＋小组评分＋教师评分	

教师签名：＿＿＿＿＿＿＿＿＿　＿＿＿＿＿＿年＿＿月＿＿日

任务小结

机房设备安装涉及很多重要且关键的尺寸和标准，这关系到电梯的运行安全与质量。本学习任务介绍了承重梁的安装、导向轮的安装、曳引机的安装、限速装置的安装的工作步骤和操作流程。完成本任务学习可对电梯机房设备的安装方式有较全面的了解，掌握机房设备的安装方法，并能根据机房环境选择合适的安装方式。

思 考 与 习 题

7-1　填空题

1. 电梯曳引机按结构主要分为＿＿＿＿＿和＿＿＿＿＿两种。

2. 曳引机是装在机房的主要传动设备，它由电动机、制动器、减速器、＿＿＿＿＿等部件组成。

3. 曳引机承重梁一般为＿＿＿＿＿条，其两端都必须架在＿＿＿＿＿＿＿＿。

4. 承重梁的两端埋入墙内深度必须超过墙厚度中心线＿＿＿＿ mm 且不小于＿＿＿＿ mm。

5. 曳引轮的垂直偏差应不大于＿＿＿＿ mm。

6. 承重梁的作用是＿＿＿＿＿＿＿＿＿＿＿＿＿＿。

7. 导向轮的垂直度误差不应大于＿＿＿＿＿ mm。

8. 双楔块安全钳楔块面与导轨的侧面间隙应为＿＿＿＿＿＿＿ mm。

9. 电梯限速器安全装置由＿＿＿＿＿、＿＿＿＿＿和＿＿＿＿＿组成。

10. 限速器绳轮垂直偏差不超过＿＿＿＿ mm，限速器钢丝绳垂直偏差不超过＿＿＿＿ mm。

11. 限速器动作卡住保险绳，是在电梯＿＿＿＿＿时发生。

7-2　选择题

1. 关于安全钳的说法不正确的是（　　　）。

A. 装在机房内　　　B. 通过限速器起作用　　　C. 是一种安全装置

2. 操纵轿厢安全钳装置的动作速度不应低于电梯额定速度的115%，且对于不可脱落滚柱式以外的瞬时式安全钳速度最大值不超过（　　）m/s。

A. 0.8　　　　　　B. 1　　　　　　C. 1.5　　　　　　D. 2.0

3. 按照限速器触发速度的相关规定，在电梯轿厢的运行速度至少等于电梯额定速度的（　　）时，限速器动作。

A. 100%　　　　　　B. 115%　　　　　　C. 120%

7-3　判断题

1. 若限速器装在井道内，则应能从井道外面接近它。　　　　　　　　　　（　　）

2. 限速器张紧装置的自重应不小于20kg。　　　　　　　　　　　　　　（　　）

3. 将安全钳楔块等安装完后，应调整楔块拉杆螺母，使楔块面与导轨的侧面间隙为2~3mm。　　　　　　　　　　　　　　　　　　　　　　　　　　　　（　　）

4. 安全钳动作后，轿厢地板的倾斜度不得超过正常位置的10%。　　　　　（　　）

7-4　综合题

1. 试述安装承重梁的基本操作步骤与注意事项。

2. 试述安装导向轮的基本操作步骤与注意事项。

3. 试述安装曳引机的基本操作步骤与注意事项。

4. 试述安装限速器的基本操作步骤与注意事项。

7-5　试述对本学习任务与实训操作的认识、收获与体会。

学习任务8

电气设备安装

任务分析

通过本任务的学习，了解电梯内各电气设备的安装方法，包括机房电气部件安装、井道电气部件安装、井道层站和轿厢电气部件安装等。

建议学时

建议完成本任务为 16~20 学时。

任务目标

应知

1）理解安全作业规程。

2）掌握并严格执行电气设备安装标准规范。

3）了解电气接线工艺要求。

应会

1）学会电源开关（箱）的安装。

2）学会电梯控制柜的安装。

3）学会电线导管、电线线槽、金属软管的安装和布线。

4）学会随行电缆、轿厢电气部件的安装。

5）学会井道层站电气部件的安装。

学习子任务 8.1 　机房电气部件安装

基础知识

1. 机房电气设备

电梯的电气系统安装仅占整体安装工作量的 1/3 左右，但却与机械系统的安装同等重要。电气系统的安装质量高，将能够有效避免电梯在运行中发生故障。

在电气系统安装之前，要准备并熟悉电气图样。首先要看懂各主要回路，了解电梯电气系统每个部件的代号所表示的含义。由于每个电梯厂家执行的图样标准不同，所以图样上的符号也不同，在安装前有必要对其加以了解。电气设备安装的一般流程如下：

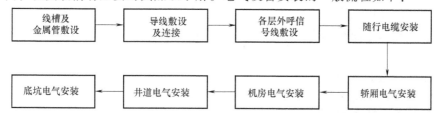

2. 安装控制柜

电气控制柜（屏）是电梯实现控制功能的主要装置，电梯电气控制系统中的绝大部分的继电器、接触器、控制器、电源变压器、变频器等均集中安装在电气控制柜（屏）中。其主要作用是实现对电梯的电气控制和电力拖动以及其他电子元器件的控制，从而完成电梯的各种运行控制功能。电气控制柜（屏）通常安装在电梯的机房里，如图8-1所示。

1）根据机房布置图及现场情况确定控制柜位置。配箱柜（屏、箱）、控制柜（屏、箱）的安装应布局合理、固定牢固，其垂直偏差不应小于1.5‰。其原则是与门窗、墙的距离不小于600mm，控制柜的维护侧与墙壁的距离不小于600mm，控制柜的封闭侧与墙壁的距离不小于50mm。双面维护的控制柜成排安装时，其长度

图8-1　电气控制柜

超过5m，两端留出通道宽度不小于600mm，屏、柜与机械设备的距离不应小于500mm，并需要考虑检查维修方便，如图8-2所示。

2）控制柜的出线口要按安装图的要求用膨胀螺栓固定在机房地面上。控制柜底要用10号槽钢制作控制柜底座或混凝土底座，底座高度为50～100mm。控制柜与槽钢底座采用镀锌螺栓连接固定，连接螺栓由下向上穿。控制柜与混凝土底座采用地脚螺栓连接固定。控制柜和槽钢底座、混凝土底座连接牢靠，控制柜底座要在机房地面上可靠固定。控制柜底座安装前，应先除锈、刷防锈漆、装饰漆（见图8-3）。

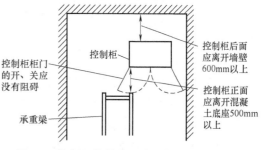

图8-2　控制柜的周边尺寸要求（单位：mm）

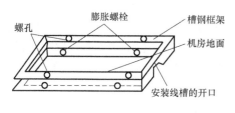

a)　　　　　　　　　　　　　　b)

图8-3　控制柜底座

3）控制柜安装固定要牢固。多台控制柜并列安装时，其间应无明显缝隙且柜面应在同一平面上。

4）小型的励磁柜安装在距地面高1200mm以上的金属支架上，以便调整。

3. 安装主电源控制开关箱

主电源开关箱（见图8-4）要安装在机房门口入口易接近和便于操作处，高度距地面1.3~1.5m，并符合以下要求：

1）每台电梯应当单独装设主电源开关。

2）主电源开关不得控制轿厢照明和通风、机房（机器设备间）照明和电源插座、轿顶与底坑的电源插座、电梯井道照明、报警装置的供电电路。

3）主电源开关应当具有稳定的断开和闭合位置，并且在断开位置时能用挂锁或其他等效装置锁住，能够有效地防止误操作。

4）如果不同电梯的部件共用一个机房，则每台电梯的主开关应当与驱动主机、控制柜、限速器等采用相同的标志。

图8-4　主电源控制开关箱

无机房电梯的主开关还应当符合以下要求：

① 如果控制柜不是安装在井道内，主开关应当安装在控制柜内；如果控制柜安装在井道内，主开关应当设置在紧急操作屏上。

② 如果从控制柜处不容易直接操作主开关，该控制柜应当设置能分断主电源的断路器。

③ 在电梯驱动主机1m范围内，应当有可以接近的主开关或者符合要求的停止装置，且能够方便地进行操作。

4. 机房金属管线作业

（1）控制线和电动机主电源线的敷设（见图8-5）

① 控制线在线槽内、外部应穿φ20mm镀锌软管，线槽至主机接线盒镀锌软管的两端用软管接头固定，当控制线和电动机电源线分开线槽敷设时，控制线在线槽内不用穿镀锌软管。

② 电动机电源线在线槽至主机接线盒部分用φ32mm镀锌软管敷设，软管两端用软管接头固定。

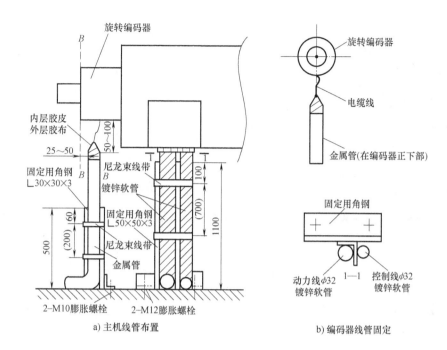

图 8-5　主机线管布置和编码器线管的固定（单位：mm）

（2）旋转编码器屏蔽线的敷设

屏蔽线应用金属管敷设，在金属出线口的屏蔽线外先裹一层橡胶皮，再用胶布包扎。屏蔽线在金属管至旋转编码器的裸露部分应有弧度，当金属管不够长时，余下部分可用线槽敷设。当线槽内有其他线路时，线槽内的屏蔽线应穿镀锌软管。

（3）控制柜到限速器的金属线管敷设

控制柜到限速器之间一般沿着地面敷设部分是用线槽，竖起部分用金属管，弯头部分采用金属软管和软管接头。金属软管要套住金属管，外部用塑料胶带包裹 3 层以上，然后用胶布包扎，如图 8-6 所示。

（4）安装规格确定

金属管内导线的总面积不能大于管内净面积的 40%。

图 8-6　金属线管的敷设

5. 金属软管的安装技术要求

1）金属软管的弯曲处不得有机械损伤、褶皱和凹陷，敷设长度不应超过 2m。

2）安装应尽量平直，弯曲半径不应小于管外径的 6 倍（见图 8-7）。

3）固定点均匀，间距不大于 1m，不固定的端头长度不大于 0.1m。

4）金属软管与箱盒、设备连接处宜使用专用接头。

6. 导线敷设的基本要求

导线的敷设应符合下列要求：

1）根据图样上规定的线槽规格，敷设时线槽的连接处要做好焊通地线。接线前先用万

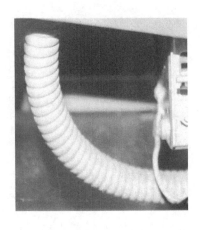
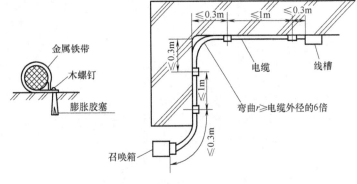

图 8-7 金属软管的安装

用表电阻档检查并拴好线号，然后按接在线板上的号进行压线。压线要平直、清楚，线头要干净，不得与线槽有短接现象。

2）穿线前将钢管或线槽内清扫干净，不得有积水、污物，电梯电气安装中的配线应使用额定电压不低于 500V 的铜芯导线。

3）根据管路的长度留出适当余量，穿线时不能出现损伤线皮、扭结等现象，并留出适当备用线（10～20 根备 1 根，20～50 根备 2 根，50～100 根备 3 根），敷设于线槽内的导线总截面（包括外护层）不应超过线槽的净截面积的 60%，如图 8-8 所示。

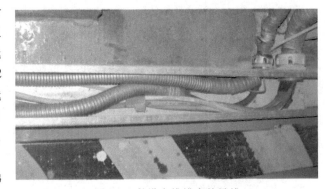

图 8-8 敷设在线槽内的导线

4）导线要按布线图敷设，电梯的供电电源必须单独敷设。动力和控制线路宜分别敷设。导线出入金属管口或金属板壁处要防止导线绝缘损坏。金属护口应设有光滑护套。

5）信号线及电子线路应按产品要求单独敷设或采取抗干扰措施。若在同一线槽中敷设，其间要加隔板。

6）在线槽的内拐角处要垫橡胶板等软物，以保护导线。导线在线槽的垂直段，用尼龙绑扎带绑扎成束，并固定在线槽底板下，以防导线下坠。

7）设备及控制屏（柜）接线前应将导线沿接线端子方向整理成束，然后用扎带绑扎好，以便故障检查（见图 8-9）。

8）导线接头包扎：

① 首先用橡胶（或塑料）绝缘带从导线接头处完好绝缘层处开始，以半幅宽度重叠进行缠绕，

图 8-9 导线绑扎

缠绕 1~2 个绝缘带宽度，在包扎过程中应尽可能收紧绝缘带。最后在绝缘层上缠绕 1~2 圈后，再进行回缠。

② 再用电工胶布包扎，以半幅宽度边压边进行缠绕，在包扎过程中收紧胶布，导线接头处两端应用电工胶布封严。

9）引进控制柜（屏）的控制电缆橡胶绝缘芯线应外套绝缘管保护。

10）控制柜接线前应将导线沿接线端子方向整理成束，排列整齐，用小线或尼龙扎带分段绑扎。做到横平竖直，整齐美观。导线不能用金属裸导线和电线进行绑扎。

11）导线终端应严格按电气接线图的标号编号。保护线和电压 220V 及以上线路的接线端子应有明显的标记。导线终端应设方向套或标记牌，并注明该线路编号，如图 8-10 所示。

12）导线压接要严密、结实，不能有松脱、虚接现象。

图 8-10　导线终端应设方向套或标记牌

工作步骤

步骤一：组织参观

在教师的带领和指导下，分组参观电梯机房，检查设备是否有安装不符合要求的，记录在表 8-1 中。

表 8-1　机房电气设备安装检查表

内　　容	检查结果	整改结果
控制柜		
电源控制开关箱		
金属线管		
导线敷设		

步骤二：机房电气设备安装

1）围蔽作业区，查看电梯各部分电气相关的设计图，确定安装流程。

2）以 6 人为一组分工合作。

3）准备工具，穿戴好安全防护用品后（要求互检）携带工具箱进入作业现场。

4）在指定位置内分别进行安装控制柜、电源控制开关箱、金属线管及导线敷设的操作。

5）安装完毕后，小组之间进行互检。

6）对不符合安装要求的进行整改。

评价反馈

1. 自我评价（40分）

由学生本人根据学习任务完成情况进行自我评价，将评分值记录于表 8-2 中。

表8-2 自我评价表

学习任务	项目内容	配分	评 分 标 准	得分
学习子任务 8.1	1. 安全意识	20分	1. 不遵守安全规范操作要求(酌情扣2~5分) 2. 有其他违反安全操作规范的行为(扣2分)	
	2. 机房电气设备安装	60分	1. 不能说明工作流程(扣10分) 2. 不熟悉安装规范和要求(扣5~10分) 3. 不会安装控制柜(扣5~10分) 4. 不会安装电源控制开关箱(扣5~10分) 5. 不会金属线管敷设(扣5~10分) 6. 不会导线敷设(扣5~10分)	
	3. 职业规范和环境保护	20分	1. 不爱护设备、工具(扣3分) 2. 在工作完成后不清理现场,在工作中产生的废弃物不按规定处置,各扣2分(若将废弃物遗弃在井道内的可扣3分)	
			总评分=(1~3项得分之和)×40%	

签名:＿＿＿＿＿＿＿＿＿＿ ＿＿＿＿＿＿年＿＿月＿＿日

2. 小组评价(30分)

由同一实训小组的同学结合自评的情况进行互评,将评分值记录于表8-3中。

表8-3 小组评价表

项目内容	配分	评分
1. 实训记录与自我评价情况	30分	
2. 完成实训工作任务的质量	30分	
3. 互相帮助与协作能力	20分	
4. 安全、质量意识与责任心	20分	
总评分=(1~4项得分之和)×30%		

参加评价人员签名:＿＿＿＿＿＿＿＿＿＿＿ ＿＿＿＿＿＿年＿＿月＿＿日

3. 教师评价(30分)

由指导教师结合自评与互评的结果进行综合评价,并将评价意见与评分值记录于表8-4中。

表8-4 教师评价表

教师总体评价意见:

教师评分(30分)	
总评分=自我评分+小组评分+教师评分	

教师签名:＿＿＿＿＿＿＿＿＿＿ ＿＿＿＿＿＿年＿＿月＿＿日

学习子任务8.2

基础知识

1. 随行电缆安装概述

轿厢运行时均有一条或几条电缆随之运行，称为随行电缆。一般随行电缆的一端绑扎在井道中部的电缆架上，另一端固定在电梯轿厢底部（见图8-11）。随行电缆是连接运行的轿厢与固定点的电缆，起到轿厢与层站、机房之间控制信号联络的作用。电缆安装方式应根据井道内轿厢、对重、导轨等设备位置的布置而定。随行电缆常见的安装方法如图8-12所示。

2. 随行电缆支架的安装

1）在中间接线盒底面下方200mm处安装随行电缆支架。固定随行电缆支架要用两个以上不小于M10的膨胀螺栓，以确保其牢固（见图8-13）。

图 8-11　轿厢底部随行电缆固定方法

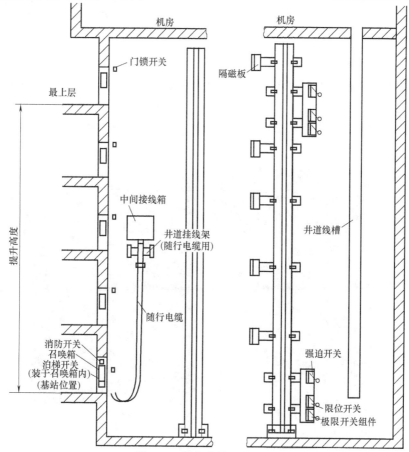

图 8-12　随行电缆安装方法

2）若电梯无中间接线盒时，井道随行电缆支架应装在电梯正常提升高度 $h_1 = \dfrac{电梯行程}{2}$ +1500mm 处。

3）轿底电缆支架的安装方向应与井道随行电缆支架一致，并使电梯电缆位于井道底部时，能避开缓冲器且保持不小于 200mm 的距离。

4）随行电缆支架的挂线架应能够旋转（见图8-14）。

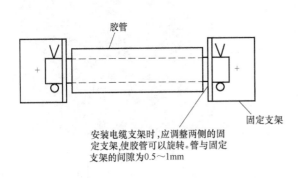
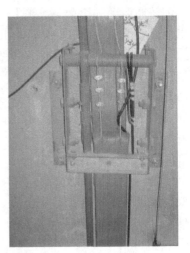

图 8-13　随行电缆支架的固定（单位：mm）

图 8-14　随行电缆挂线架

3. 随行电缆的安装

1）井道随行电缆主要是给轿厢传送信号和供给电力。由于井道内空间狭窄，应将电缆安装在井道电缆支架上，另一端安装在电梯轿底的电缆支架上，应配合轿厢的升降顺畅地移动，因此随行电缆要安装平整，不能扭曲。接线端口标示清楚，接口牢靠，如图8-15所示。

图 8-15　随行电缆的安装

2）随行电缆的另一端绑扎固定在轿底下梁的电缆支架上，称为轿底电缆架。安装时，8 芯电缆弯曲直径为 500mm；16～24 芯电缆弯曲直径为 800mm。一般弯曲直径不小于电缆直径的 20 倍；如果多种规格电缆共用时，应以最大移动弯曲半径为准（见图 8-16）。

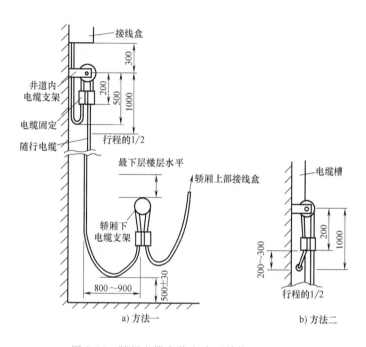

图 8-16　随行电缆安装方法（单位：mm）

3）圆形随行电缆的芯数不宜超过 40 芯。圆形随行电缆应绑扎固定在轿底、井底和井道电缆架上，绑扎长度应为 30～70mm。绑扎处应离开电缆架钢管 100～150mm，如图 8-17 所示。

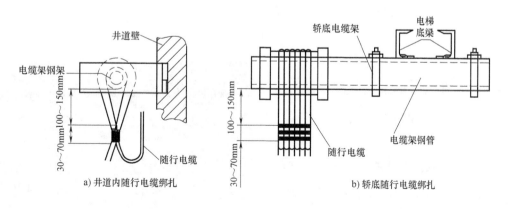

图 8-17　圆形随行电缆的绑扎方法

4）扁平随行电缆可重叠安装，重叠根数不宜超过 3 根，每两根间应保持 30～50mm

的活动间距。扁平随行电缆固定应使用楔形插座或卡子（见图8-18）。

5）随行电缆在运动中可能与井道内其他部件挂碰，必须采取防护措施。随行电缆两端以及不运动部分应可靠固定，如图8-19所示。

6）随行电缆的敷设长度应使轿厢缓冲器完全压缩后有余量，但不得拖地。多根并列时，长度应一致。蹲底时随行电缆距地面100～200mm为宜，截电缆前，应模拟蹲底确定其长度（见图8-20）。

7）折弯处的悬吊距底坑为（300±50）mm，如果是重叠安装的两根电缆，之间要有30～50mm的活动距离，随行电缆安装数量不宜超过3根，如图8-21所示。

图 8-18　扁平随行电缆的固定方法（单位：mm）

图 8-19　随行电缆运动示意图

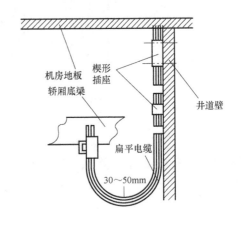

图 8-20　扁平随行电缆的安装

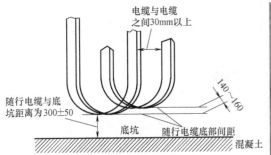

图 8-21　随行电缆与底坑的距离（单位：mm）

4. 自动开关门机构和轿厢电气安装概述

1）电梯自动开关门机构由机械部件和电气部件组成，自动开关门机构的主要部件在出厂前已经装配完成，现场只要将自动开关门机构整体按图样规定位置安装固定在轿厢顶，然后进行接线、调整即可试运行，如图 8-22 所示。

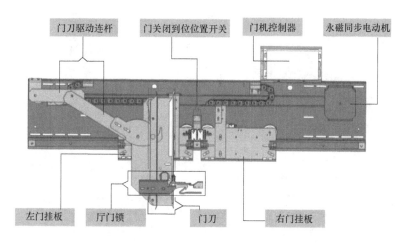

图 8-22 自动开关门机构

安装、固定、调整好的轿厢自动开关门机构运行应灵活平稳，当轿厢在平层位置时，自动开关门门刀能够通过层门门锁滚轮打开锁钩，带动层门打开。轿厢门上装有安全保护装置，这里使用的是红外线光幕式安全装置，轿厢在平层位置且电梯门在打开状态时，当光幕被遮挡时，不会发出关门信号。在关门过程中如果光幕被遮挡则门重新开启。

2）将轿顶检修箱安装固定在轿厢顶部上指定的位置，轿顶检修箱上必须设置电梯停止（急停）按钮。将电缆引入检修箱内，按接线图要求分别将电缆线连接到相应的电气元件上，如图 8-23 所示。

图 8-23 轿顶检修箱

3）安全钳开关的安装。安全钳开关的安装位置在轿厢上梁，当限速器动作时，带动安全钳传动机构，同时使安全钳开关动作，切断安全回路，如图 8-24 所示。

图 8-24　安全钳开关

4）轿顶换气扇的安装。轿顶换气扇安装在顶板上（见图 8-25）。

图 8-25　轿顶换气扇的安装

工作步骤

步骤一：观察井道电气部件

学生以 6 人为一组，在指导教师的带领下，到电梯安装施工现场查看井道随行电缆及轿厢电气部件。

步骤二：随行电缆的安装

1）围蔽作业区，查看电梯各部分电气相关的设计图，确定安装流程。

2）以 2~3 人为一组分工合作，在井道内工作时一人操作，一人配合。

3）准备工具，穿戴好安全防护用品后（要求互检）携带工具箱进入作业现场。

4）做好随行电缆安装前的准备工作。

5）根据井道分布，安装随行电缆支架。

6）调整电缆支架位置并固定。

7）敷设好线路，连接好随行电缆的接口，固定好接线端子。

8）理顺绑扎好随行电缆，上好螺栓并固定。

步骤三：自动开关门机构和轿厢电气部件的安装

1）做好自动开关门机构和轿厢电气部件安装前的准备工作。

2）根据轿厢的具体位置及面积，安装自动开关门机构和轿顶的电气部件。

3）安装、调整轿顶各部件支架位置及开关门机构。

4）敷设好线路，连接好轿门安全保护装置（光幕式），固定好接线端子。

5）安装照明箱，接好电源，上好螺栓并固定。

6）安装对讲机，接好电话线，上好螺栓并固定。

7）安装换气扇，接好电源，上好螺栓并固定。

学习子任务8.3   井道层站电气部件安装

基础知识

1. 安装极限开关、限位开关、强迫减速开关

1）极限开关：当平层超过100mm左右时，安装在轿厢上的打板碰到第三级的极限开关，保证极限开关在电梯轿厢或者对重碰触缓冲器之前动作，切断电梯主电源。

2）限位开关：第二级保护的限位开关，当轿厢地坎超过上、下端站地坎50~100mm范围时，安装轿厢上的打板碰到限位开关时，切断电梯方向控制回路。

3）强迫减速开关：强迫减速开关安装在井道的两端，当电梯运行到端站时，首先要碰撞强迫减速开关，该开关在正常换速点相应位置动作，以保证电梯有足够的换速距离。上、下强迫减速开关安装在上、下端站换速位置（见图8-26a、b）。

a) 位置示意图　　　　　b) 安装图

图8-26　极限开关、限位开关、强迫减速开关的安装

2. 打板的安装

1）打板应无扭曲变形，开关碰轮转动灵活。

2）打板应垂直安装，偏差不大于长度的1/1000，最大偏差不大于3mm（打板的斜面除外）。

3）开关、打板安装应牢固，开关碰轮与打板应可靠接触，任何情况下碰轮边距打板边不小于5mm。

4）碰轮与打板接触后，开关接点应可靠动作，碰轮沿打板全程移动时，碰轮不应有卡阻现象，且碰轮应略有压缩余量。

5）极限开关、限位开关、强迫减速开关安装后，导线应留有适当长度的余量，开关位置调整后，余量部分应可靠固定（见图8-27）。

3. 限速器安全绳断绳保护开关的安装

限速器安全断绳保护开关装于井道底部的张紧装置滑轮架上，限速器钢丝绳断绳时张紧装置的绳轮掉落，断开保护开关亦即断开控制电路，使电梯不能运行（见图8-28）。

图 8-27　打板的安装　　　　　　　　　　　　图 8-28　限速器安全绳
断绳保护开关

4. 平层装置的安装

（1）平层装置的安装与调整

1）平层感应器装在靠轿厢上梁一侧。

2）在安装支架上预装好感应器，在各层楼的平层位置上将挡板架上。

3）在轿厢平层位置，将安装臂装于导轨上，并固定在适当位置，要使遮光板的中央与平层感应器的基准线大致一致（见图8-29）。

4）精确地调整支架，从而使遮光板与平层感应器的基准线完全在一条直线上（见图8-30a）。

5）电梯检修运行，使平层感应离开遮光板，然后拧紧支架和安装臂之间的螺栓（见图8-30b）。

6）检修使电梯在该层附近做上、下运行，确认感应器与遮光板之间的位置，从而确保感应器U形槽遮光板左右两边间隙相等。

（2）安装注意事项

1）如果遮光板插入平层感应器时左右的间隙不相等，那么就会撞坏遮光板。此时必须进行调整，保证左右间隙相等。

a)　　　　　　　　　　b)

图 8-29　平层装置的安装与调整

2）遮光板与平层感应器 U 形槽的两边距离应一致。

3）支架垂直安装。

4）用两个螺栓固定安装臂。

a)　　　　　　　　　　　　b)

图 8-30　平层装置的安装与调整

5. 井道照明的安装

1）井道照明必须为永久性。在井道最高和最低点 0.5m 以内各装设一盏灯。中间灯的设置以保证检修照明要求为原则，一般每隔 7m 设一盏。灯头与线管按要求分别做好跨接地线。焊点要刷防腐漆，按配管要求固定好线管。

2）井道照明选用 AC220V、25W 的灯泡。

3）导线绝缘电压不得低于交流 500V，按设计要求选好电线规格、型号。

4）对于部分封闭井道，如果井道附近有足够的电气照明，井道内可以不装照明灯。

5）井道照明安装高度在最低层层门踏板 1000~1500mm 处，打开层门时操作人员可以方便操作该开关，如图 8-31 所示。

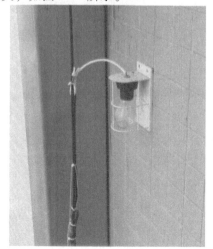

图 8-31　井道照明

6. 底坑停止开关、检修盒的安装

1）安装在进入底坑时能方便操作的井道灯开关。

2）底坑检修盒的安装位置应选择在距线槽或接线盒较近、操作方便、不影响电梯运行的地方。图 8-32 为检修盒安装在靠线槽较近一侧的地坎下面。检修盒、线管、线槽之间都要跨接地线。

3）在检修盒上或附近适当的位置，须装设照明和电源插座，照明应加控制开关，电源插座应为 2P+PE、250V 型。

7. 底坑装置的安装接线

1）底坑安全开关包括：底坑急停开关（底坑深度≥2m 时为 2 个）、限速器断绳开关、两个油压缓冲开关（90~105m/min 时设置）。各开关采用串联连接，即各开关的引出线引至井道线槽中，用闭端端子串接后，两头再与从机房引下的安全回路引线连接（见图 8-33）。

图 8-32　底坑停止开关、检修盒

图 8-33　底坑安全开关

2）满足 GB 7588—2003 要求，明确底坑检修箱和停止开关的安装位置。安装后，停止开关箱不干涉轿厢整个移动过程。

8. 指示、外呼信号线的安装

召唤箱是给厅外乘用人员提供召唤电梯的装置（见图 8-34）。在基站层门外的外呼盒上方设置有消防开关，消防开关接通时电梯进入消防运行状态，如有消防功能则基站外呼盒上设置钥匙消防开关。

1）指示灯盒安装应横平竖直，其误差≤1mm。指示灯盒中心与门中心偏差≤5mm。埋入墙内的按钮盒、指示灯盒等不应突出装饰面，面板与墙面应贴实无间隙。候梯厅层楼指示灯应装在离层门边 150~250mm 的位置。召唤箱装在距地平面 1.2~1.4m 的墙壁上，并联、

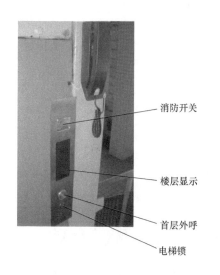

消防开关

楼层显示

首层外呼

电梯锁

楼层显示

外呼按钮

图 8-34　外召唤箱

群控电梯的召唤箱应装在两台电梯的中间位置。

2）在同一候梯厅有 2 台及以上电梯并列或相对安装时，各层门指示灯盒的高度偏差≤5mm；各召唤箱的高度偏差≤2mm，与层门边的距离偏差≤10mm，相对安装的各层指示灯盒和各召唤箱的高度偏差均≤5mm。

3）各层门指示灯、召唤箱及开关的面板安装后应与墙壁装饰面贴实，不得有明显的凹凸变形和歪斜，并应保持洁净、无损伤。

4）指示灯、按钮、操纵盘的指示信号清晰、明亮、准确，遮光罩良好，不应有漏光和串光现象。按钮及开关应灵活可靠，不应有卡阻现象；消防开关工作可靠，如图8-35所示。

图 8-35　召唤箱信号线安装示意图

工作步骤

步骤一：井道电气部件的安装

在教师的指导下，以 6 人为一组进行井道电气部件安装的实训。

1）围蔽作业区，查看电梯井道电气部件相关的设计图，确定安装流程。

2）在井道内工作时，一人操作，一人配合。

3）准备工具，穿戴好安全防护用品后（要求互检）携带工具箱进入作业现场。

4）做好井道电气部件安装前的准备工作。

5）根据井道的具体情况及楼层分布安装极限开关、限位开关、强迫减速开关，调整位置并固定。

6）安装安全钳开关，固定好接线端子，测试安全钳开关。

7）安装平层装置，固定好接线端子。

8) 根据井道的具体情况安装井道照明灯，上好螺栓并固定。

步骤二：召唤箱的安装

1) 围蔽作业区，查看电梯外召唤箱电气部件相关的设计图，确定安装流程。

2) 在井道内工作时，一人操作，一人配合。

3) 准备工具，穿戴好安全防护用品后（要求互检）携带工具箱进入作业现场。

4) 做好召唤箱安装前的准备工作。

5) 敷设好线路，连接召唤箱，固定好接线端子。

6) 压紧召唤箱的卡扣。

7) 敷设好线路，连接操纵盘的接口，固定好接线端子。

8) 理顺、绑扎好导线，盖好面板上螺栓并固定。

步骤三：底坑电气部件的安装

1) 围蔽作业区，查看电梯底坑电气部件相关的设计图，确定安装流程。

2) 在井道内工作时，一人操作，一人配合。

3) 准备工具，穿戴好安全防护用品后（要求互检）携带工具箱进入作业现场。

4) 做好底坑电气部件安装前的准备工作。

5) 根据底坑的具体情况安装底坑停止开关、检修盒，调整位置并固定。

6) 连接停止开关、检修盒接线端子。

7) 安装地线及检查地线连接情况。

评价反馈

1. 自我评价（40分）

由学生本人根据学习任务完成情况进行自我评价，将评分值记录于表8-5中。

表 8-5　自我评价表

学习任务	项目内容	配分	评分标准	得分
学习子任务 8.2~8.3	1. 安全意识	20分	1. 不遵守安全规范操作要求（酌情扣2~5分） 2. 有其他违反安全操作规范的行为（扣2分）	
	2. 井道电气部件安装	30分	1. 不会安装随行电缆（扣5~10分） 2. 不会安装轿厢电气部件（扣5~10分）	
	3. 井道层站电气部件安装	30分	1. 不会安装井道电气部件（扣5~10分） 2. 不会安装层站电气部件（扣5~10分）	
	4. 职业规范和环境保护	20分	1. 不爱护设备、工具（扣3分） 2. 在工作完成后不清理现场，在工作中产生的废弃物不按规定处置，各扣2分（若将废弃物遗弃在井道内的可扣3分）	
			总评分=（1~4项得分之和）×40%	

签名：_____　_____年____月____日

2. 小组评价（30分）

由同一实训小组的同学结合自评的情况进行互评，将评分值记录于表8-6中。

表 8-6 小组评价表

项 目 内 容	配分	评分
1. 实训记录与自我评价情况	30 分	
2. 完成实训工作任务的质量	30 分	
3. 互相帮助与协作能力	20 分	
4. 安全、质量意识与责任心	20 分	
总评分 = (1~4 项得分之和)×30%		

参加评价人员签名：_____ _____年___月___日

3. 教师评价（30分）

由指导教师结合自评与互评的结果进行综合评价，并将评价意见与评分值记录于表8-7中。

表 8-7 教师评价表

教师总体评价意见：

教师评分(30分)	
总评分 = 自我评分 + 小组评分 + 教师评分	

教师签名：_____ _____年___月___日

阅读材料

阅读材料：安装井道中间接线箱

1）中间接线箱设在梯井内，其高度按下式确定：高度（最底层层门地坎至中间接线箱底的垂直距离）= $\frac{电梯行程}{2}$ +1500mm+200mm，见图 8-36。若中间接线箱设在夹层或机房内，其高度（箱底）距夹层或机房地面不低于300mm。若电缆直接进入控制柜时，可不设中间接线箱。

2）中间接线箱的水平位置要根据随行电缆既不能碰轨道支架又不能碰层门地坎的要求来确定。若电梯井道较小，轿门地坎和中间接线箱在水平位置上距离较近时，要统筹计划，其间距不得小于40mm（见图 8-37）。

3）中间接线箱用 M10 膨胀螺栓固定于井道壁上，连接内部线路做好接地保护（见图 8-38）。

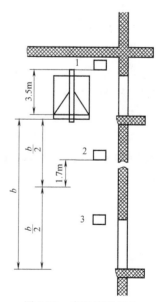

图 8-36 中间接线箱的安装高度（单位：mm）

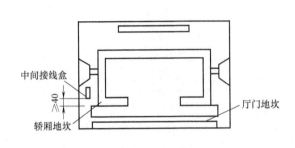

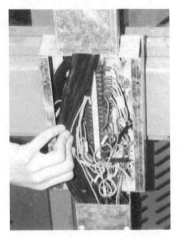

图 8-37　中间接线箱水平距离位置图（单位：mm）　　　图 8-38　中间接线箱内部接线

中间接线盒

≥40

轿厢地坎

厅门地坎

任务小结

电梯电气部分的安装对电梯的质量有重要意义，因此必须严格按照安装的标准规范施工。本任务学习了电梯电源开关（箱）、电气控制柜的安装，电线导管、电线线槽、金属软管的安装和布线，以及随行电缆、轿厢电气部件和井道电气和层站部件的安装。

思　考　与　习　题

8-1　问答题

1. 安装作业前的安全准备工作有哪些？

2. 在电梯机房内作业时，应注意哪些安全问题？

3. 简述安装控制柜的要求。

4. 电梯的电气设备安装包括哪些？

5. 电梯平层装置中有几种实现方式？现在主要使用的是什么方式？

6. 简述轿底随行电缆的安装要求。

7. 简述安装供电及控制线路的要求。

8. 电梯安装线管、线槽和布线的要求有哪些？

8-2　选择题

1. 在工地从事安装工作时，（　　）戴安全帽。

A. 一定需要　　　　　　B. 在井道内才需要　　　　C. 不需要　　　　　D. 无规定

2. 电梯层门闭锁装置包括（　　）。

A. 机械联锁　　　　　　B. 电气联锁　　　　　　　C. 安全开关　　　　D. A+B

3. 在平层区域内，使轿厢达到平层准确度要求的装置称为（　　）。

A. 平层感应板　　　　　B. 平层感应器　　　　　　C. 平层装置　　　　D. 平层电路

4. 在电梯出现超速状态时，（　　）首先动作而带动其他装置使电梯立即制停。

A. 安全钳　　　　　　B. 限速器　　　　　　C. 缓冲器　　　　D. 选层器

5. 电梯上端站防超越行程保护开关自上而下的排列顺序是（　　）。

A. 强迫缓速、极限、限位　　　　　　　　B. 极限、强迫缓速、限位

C. 限位、极限、强迫缓速　　　　　　　　D. 极限、限位、强迫缓速

6. 轿厢运行时，下列开关中不属于安全保护开关的是（　　）。

A. 强迫减速开关　　　B. 限位开关　　　　C. 底坑开关　　　D. 极限开关

7. 井道照明安装高度在最低层层门踏板（　　　）处，打开层门时操作人员可以方便操作该开关。

A. 1000～1500mm　　　B. 500～1000mm　　　C. 1500～2000mm　　D. 1700～2000mm

8. 控制柜（屏）安装后的垂直度应不大于（　　　），并应有与机房地面固定的措施。

A. 1/1000　　　　　　B. 2/1000　　　　　　C. 3/1000　　　　D. 5/1000

8-3　综合题

试叙述电梯电气部件安装的先后顺序和要求。

8-4　试述对本学习任务与实训操作的认识、收获与体会。

学习任务9

整梯调试与试运行

任务分析

通过本任务的学习，了解电梯调试和试运行的方法。

建议学时

建议完成本任务为 12~16 学时。

任务目标

应知

1）了解调试前的准备事项。

2）理解检验项目，熟悉检验的要求。

3）掌握电梯调试和试运行的方法。

应会

1）学会使用调试的常用工具和仪器。

2）学会检修运行、检查调整各部件安装质量。

3）学会进行电梯的功能测试。

学习子任务 9.1　　调试前的检查

基础知识

电梯调试是电梯安装过程中的重要环节，电梯调试是对电梯产品和安装质量的全面检查，通过调试可以修正和弥补电梯安装过程中的不足，使电梯能够安全、可靠地工作，达到国家规定的检验要求。在调试过程中，应该根据要求逐项进行确认、调试、调整，使得各项功能符合要求。

电梯调试的一般流程如下：

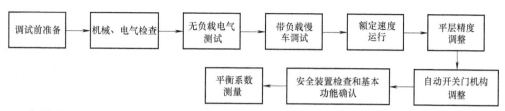

1. 电梯调试工具和测量仪器的准备

要求能够熟悉各种工具和仪器仪表的使用。机械类常用的工具有：各种规格的扳手、螺钉旋具、卡钳等；电气类常用的仪表和器材有：万用表、钳形电流表、绝缘电阻表（习称兆欧表）和各种尺寸的短路线。电梯调试常用工具仪表见表 9-1 和图 9-1 所示。

表 9-1 电梯调试工具仪表一览表

序号	名称	型号与规格	数量	用 途
1	对讲机	1000m	1 对	调试时沟通联系
2	万用表	—	1 块	测量交流、直流电压、电阻和电流等
3	线夹	1m	1 对	测定各电路上的模块和检测端子
4	钳形电流表	1~150A	1 块	测量线路的电流值
5	噪声计	30~130dB	1 套	测量机房和井道的噪声
6	转速表	10~25000r/min	1 块	测量电动机和限速器的速度
7	拉力计	5N/300N	1 套	测量钢丝绳的张力
8	振动计	EVA-625	1 套	测量电梯运行时三维晃动和振动数据
9	数字绝缘电阻表	15V/500V	1 块	测量线路的绝缘值
10	秒表	—	1 块	测量电梯运行时间等
11	照度计	1~1000lx	1 套	测量机房和井道的照明亮度

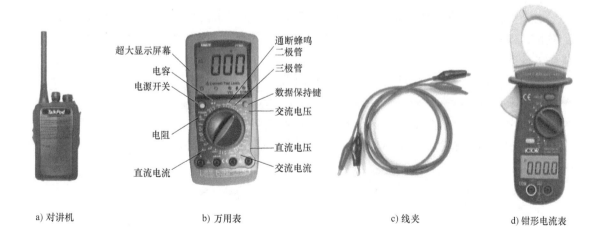

a) 对讲机   b) 万用表   c) 线夹   d) 钳形电流表

图 9-1 电梯调试常用工具仪表

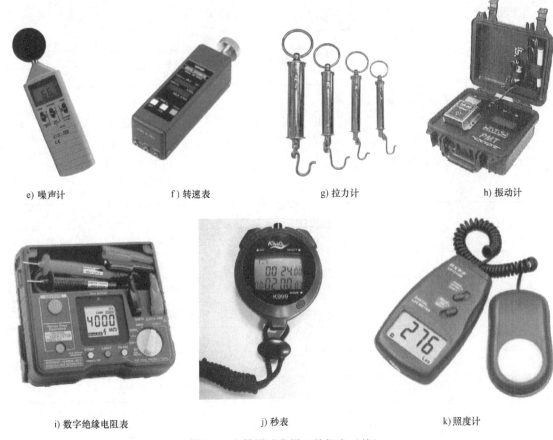

| e) 噪声计 | f) 转速表 | g) 拉力计 | h) 振动计 |
| i) 数字绝缘电阻表 | j) 秒表 | k) 照度计 |

图 9-1 电梯调试常用工具仪表（续）

2. 调试前的有关准备工作

1）拆除井道内的脚手架，打扫井道内杂物，清扫各层站周围的垃圾和杂物，保持环境卫生。通知有关部门，做好安装完工记录。

2）检查和清理所有已经安装的部件，用吸尘器或吹风机清理干净控制柜所有电气装置的灰尘，检查各部件的名称、说明、型号标签等。清除传动装置电气设备及其他部件上一切不应有的杂物。

3）检查各润滑处，并添加润滑剂：检查润滑处是否清洁，并有足够量的润滑剂，润滑剂使用要求如下：

① 曳引机蜗轮箱应当位于室内，环境温度为 0~40℃。

② 采用滚轮导靴的高速客梯，导轨上不应有润滑剂。采用滑动导靴的电梯导轨应采用机械润滑油。

③ 液压缓冲器油位高度应在油位指示牌标出的最低油位线上。

3. 通电前电气部分检测

1）检测所有电气部件和电气元件是否清洁，电气部件接线的压紧螺钉有无松动，焊点是否牢固可靠。

2）机房控制柜、主机、轿厢、层门、导轨等重要部件与接地装置的连接、机房的接地总线应连成一体，并可靠接地，且接地电阻小于4Ω。

3）对电气控制系统进行绝缘电阻测试，各导体之间和导体对地之间的绝缘电阻必须大于1000Ω，动力电路和安全装置电路之间的绝缘电阻大于0.5MΩ，其他电路（如控制、照明、信号等）之间的绝缘电阻大于0.25MΩ。

工作步骤

步骤一：分组准备

在教师的指导下，以6人为一组，说出电梯调试前的准备事项。

步骤二：确定电梯调试流程，做好防护

1）围蔽作业区，查看相关的设计图，确定电梯调试流程。

2）准备工具，穿戴好安全防护用品后（要求互检）携带工具箱进入作业现场。根据表9-2进行检查。

表9-2 工具仪器检查表

序号	名称	规格	数量	工具仪器状况	备注
1	对讲机	1000m	1对		
2	万用表	—	1块		
3	线夹	1m	1对		
4	钳形电流表	1~150A	1块		
5	噪声计	30~130dB	1套		
6	转速表	10~25000r/min	1块		
7	拉力计	5N/300N	1套		
8	振动计	EVA-625	1套		
9	数字绝缘电阻表	15V/500V	1块		
10	秒表	—	1块		
11	照度计	1~1000lx	1套		

步骤三：清理现场

1）电梯调试前，应确保电梯井道的脚手架全部拆除，并确认井道无任何阻碍物。

2）打扫机房，把控制柜、曳引机等机房中部件的灰尘清除干净，用吹风机吹干净控制柜各电气部件和接线盒的灰尘；清扫轿厢内、轿顶、各层站显示器和召唤箱按钮等部件的垃圾；清除轿门、各层门及地坎的垃圾；补齐各部件的名称、说明、型号标签。

3）检查各润滑处，并添加润滑剂。

步骤四：检查供电

1）检查电梯机房供电系统的线路接线是否正确，确认动力电源和照明电源是否分开。

2）每台电梯应单设有一个电源主开关，该开关位置应能从机房入口处方便迅速地接近操作。检查确认接地线是否可靠、三相电源电压是否稳定（波动范围≤7%）。主电源开关应能切断电梯正常使用情况下的最大电流，但该开关不应切断下列供电电路：

① 轿厢照明和通风。

② 机房和滑轮间照明。

③ 机房内电源插座。

④ 轿顶与底坑的电源插座。

⑤ 电梯井道照明。

⑥ 报警装置。

3）每台电梯应配备供电系统断相、错相保护装置。

步骤五：测量电路的绝缘性能

使用绝缘电阻表测量供电电路、制动电路、照明电路、信号电路、主机电路、控制电路的绝缘电阻，将测试数据记录于表 9-3 中。所测绝缘电阻值符合要求即为该电路绝缘符合要求。

表 9-3　绝缘电阻测量记录表

序号	电路名称	测量数据	是否符合标准要求	备注
1	供电电路			
2	制动电路			
3	照明电路			
4	信号电路-1			
5	信号电路-2			
6	主机电路			
7	控制电路			

学习子任务 9.2　电梯试运行

基础知识

1. 参数设置

电梯安装完毕进入调试阶段，正确的调试是电梯正常安全运行的保障。电气调试之前需要检查各部分是否允许调试，保证现场的安全。调试时应最少两个人同时作业，出现异常情况应立即拉断电源。

（1）检查现场机械、电气接线

在系统上电之前要进行外围接线的检查，确保安全。

1）检查器件型号是否匹配。

2）安全回路导通。

3）门锁回路导通、工作可靠。

4）井道畅通，轿厢无人，并且具备适合电梯安全运行的条件。

5）接地良好。

6）按照厂家图样正确接线。

7）每个开关工作正常、动作可靠。

8）检查主回路相间阻值，检查是否存在对地短路现象。

9）确认电梯处于检修状态。

10）机械部分安装到位，不会造成设备损坏或人身伤害。

（2）检查编码器

编码器反馈的脉冲信号是系统实现精准控制的重要保证，调试之前要着重检查。

1）编码器安装稳固，接线可靠。

2）编码器信号线与强电回路分槽布置，防止干扰。

3）编码器连线最好直接从编码器引入控制柜，若连线不够长，需要接线，则延长部分也应该用屏蔽线，并且与编码器原线的连接最好用电烙铁焊接。

4）编码器屏蔽层要求在控制器一端接地可靠。

（3）检查电源

系统上电之前要检查用户电源。

1）用户电源各相间电压应在 380V×（1±15%）以内，每相不平衡度不大于 3%。

2）主控板控制器进电 24V，与 COM 间进电电压应为 DC24V。

3）检查总进线线规及总开关容量应达到要求。

（4）检查设备绝缘电阻（以亚龙 YL-777 型电梯为例）

1）检查下列端子与接地端子 PE 之间的电阻是否无穷大，如果小于 0.5MΩ 应立即检查（以亚龙 YL-777 型电梯图样为例，见图 9-2）：

① R、S、T 与 PE 之间。

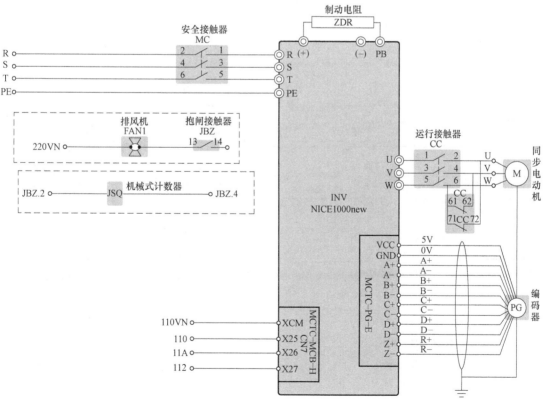

a) 同步电动机主回路

图 9-2　亚龙 YL-777 型电梯电路图

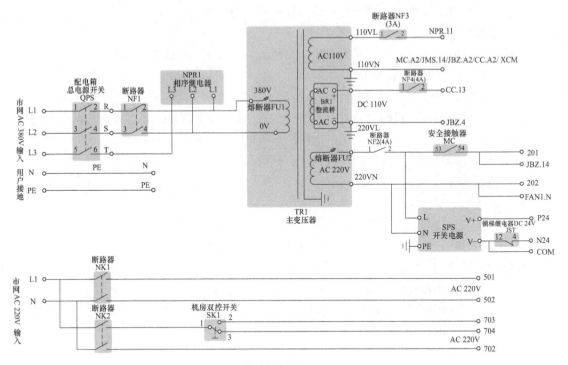

b) 控制电源回路

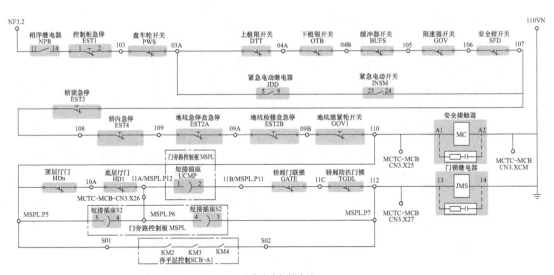

c) 安全和门锁电路

图 9-2　亚龙 YL-777 型电梯电路图（续）

② U、V、W 与 PE 之间。

③ 主板 24V 与 PE 之间。

④ 电动机 U、V、W 与 PE 之间。

⑤ 编码器 15V、A、B、PGM 与 PE 之间。

⑥ +、-母线端子与 PE 之间。

⑦ 安全、门锁、检修回路端子与 PE 之间。

2）检查电梯所有电气部件的接地端子与控制柜电源进线 PE 接地端子之间的电阻必须 ≥0.5MΩ。

3）电梯调试前应先将曳引主机和一些相关的主要数据按要求输入电梯控制系统。以亚龙 YL-777 型电梯为例，根据表 9-4 进行数据输入。

表 9-4　电梯参数

参数	参数描述	说明
F1-25	电动机类型	0：异步电动机 1：同步电动机
F1-00	编码器类型选择	0：SIN/COS 型、绝对值型编码器 1：UVW 型编码器 2：ABZ 型编码器
F1-12	编码器每转脉冲数	0~10000
F1-01~F1-05	电动机额定功率/电压/电流/频率/转速	机型参数，手动输入
F0-00	控制方式	0：开环矢量 1：闭环矢量 2：V/F 方式
F0-01	命令源选择	0：操作面板控制 1：距离控制
F1-11	调谐选择	0：无操作 1：带负载调谐 2：无负载调谐 3：井道自学习

① 正确设置 F1-00＝0（1387 SIN/COS）编码器类型，F1-12＝2048 编码器每转脉冲数，F1-25＝0 时为异步主机，F1-25＝1 时为同步主机。

② 正确设置机械参数 F1-01~F1-05，以主机铭牌数据为准。F1-01 为 0.8kW 额定功率，F1-02 为 340V 额定电压，F1-03 为 3.2A 额定电流，F1-04 为 7.2Hz 额定频率，F1-05 为 36r/min 额定转速，F0-04 为 0.2m/s 额定速度，F0-05 为 300kg 额定载重。

4）主机自学习（慢车运行）。

① 设置 F0-01＝0 为面板控制，F1-11＝2 为主机无负载调谐，操作面板显示 TUNE，手动打开抱闸，按下 RUN 键，开始调谐主机转动，调谐得到主机参数 F1-14~F1-18，恢复 F0-01＝1 为距离控制，调谐完毕。

② 检查 F4-03 的脉冲数，上行增大，下行减小，如果反了把 F2-10 设为 0 或 1，改变主机运行方向（F2-10＝0 为方向相同，F2-10＝1 为方向取反）。

2. 检修试运行

电梯检修运行的状态下，检查曳引机驱动轿厢、对重对井道内电梯部件的配合情况，并检测电梯电气系统带负载运行的工作情况。

在测试前，应拆除井道内轿厢、对重的支撑，清除所有影响电梯运行的障碍物，检查确认电梯的安全装置有效，以确保测试时设备与操作人员的安全。具体操作如下：

1）关闭总电源开关，挂上警示牌。

2）检查确认限速器、安全钳等安全装置处于正常的工作状态。

3）打开制动器，人工手动盘车，让电梯上下运行一段距离，无误后方可通电慢车试运行。慢车试运行，观察电梯运行状况，巡查整个井道内有无异物突出和碰撞。

4）以检修速度逐层下行，检查确认井道内及各层站中电梯各部件的相对位置是否符合安装要求。

5）检查轿厢各部件与井道壁、轿厢与对重之间的间距，轿厢与对重间的最小距离为 50mm。

6）检查层门地坎、门锁滚轮与轿门地坎的间隙。检查门刀与层门地坎、门锁滚轮与轿厢地坎间隙。检查导轨的清洁与润滑情况、导轨与导轨之间的连接情况。

7）检查轿门开关门机构的动作情况。

8）检查层门的工作情况，以及轿门与层门的动作配合情况。

9）检查层门门锁的工作情况，层门锁钩可靠锁紧。锁臂及动接点动作灵活，在电气安全装置动作之前，锁紧元件的最小啮合长度为 7mm。

10）检查并调整平层感应器的位置，及其与相应的遮光板的间隙。

11）当轿厢停于顶层平层位置时，检查轿厢上方空程及对重缓冲距离，调整上限位开关、上极限开关的位置及其与打板的配合关系。

12）当轿厢停于底层平层位置时，检查轿厢架撞板与缓冲距离的距离、随行电缆离底坑地面的距离，以及测量调整安全钳、导靴与导轨的间隙，调整下限位开关、下极限开关的位置及其与打板的配合关系。

13）在检修运行的过程中，应随时观察曳引机的工作状况，发现问题应立即停止测试，排除故障后方可继续进行测试。

14）电梯楼层高度自学操作。

① 先检查上限位开关和下限位开关的安装尺寸是否符合标准。

② 将电梯停在最低楼层平层位置±15mm 处，然后将电梯置于正常状态。

③ 在机房内按动电梯楼层高度测试按钮，电梯就会自动关门以慢车速度运行至顶层。

④ 电梯到达顶层打板碰撞上限位开关后停止运行，微机存储器便记录电梯各层楼的位置。

3. 快车试运行

1）在检修状态试运行正常后，将各层门关好，安全、门锁回路可靠后，方可进行快车运行。

2）将轿厢门门机电源关掉（或进入调试模式），快车运行，继续对各运动部位进行检查，检查曳引机运行的平稳性、噪声，减速器内有无撞击声、轴承研磨声及各密封面的密封情况。

3）空载时，在快速运行过程中对平层停车的准确度进行检查。如发现只有某层的准确度不好，其他层均好，则可调整该层遮光板的位置；如发现所有层楼的停层准确相差同一数值，则应调整轿顶上的永磁感应器。在满载时，再次重复平层停车的准确度检查，并与空载时对比。若空载与满载时相差数值较大，超出标准范围时，则应调整，空载向上运行时各层的停层准确度应为正值（即轿厢地坎平面略高于层楼地坎平面）；满载下行时停层准确度应为负值（即轿厢地坎平面略低于层楼地坎平面）。

4）自动门调整。检查开关门是否顺畅正常。

5）测试轿厢门红外线光幕式保护装置是否有效。

6）确认轿厢内各按钮有效。

7）功能确认。

工作步骤

步骤一：分组准备检测

在教师的指导下，以6人为一组，对电梯的安全装置进行检查，主要内容见表9-5。

表9-5 电梯安全装置检查内容

序号	检验项目	检验内容及其规范标准要求	检查结果	整改结果
1	电源主开关	位置合理、容量适中、标志易识别		
2	断相、错相保护装置	断任一相或错相，电梯停止，又能起动		
3	上、下限位开关	轿厢越程>100mm前起作用		
4	上、下极限开关	轿厢或对重缓冲器之前起作用		
5	上、下强迫减速装置	位置符合设计要求，动作可靠		
6	停止装置（安全、急停开关）	轿厢、轿内、底坑进位>1m，红色、停止		
7	检修运行开关	运行轿顶优先、易接近、双稳态、防误操作		
8	紧急电动运行开关（机房内）	防误操作按钮、标明方向、直观		
9	开、关门和运行方向接触器	机械或电气联锁动作可靠		
10	限速器电气安全装置	动作速度、额定速度与铭牌相符		
11	安全钳电气安全装置	在安全钳动作以前或同时，使电动机停转		
12	限速绳数断裂、松弛保护	运行可靠		
13	轿厢位置传递装置的张紧度	钢带（钢绳、链条）断裂或松弛时运行可靠		
14	耗能型缓冲器复位保护	缓冲器被压缩时，安全触点强迫断开		
15	轿厢安全窗、安全门锁状况	如锁紧失效，应使电梯停止		
16	轿厢自动门撞击保护装置	安全触板、光电保护、阻止关门力严禁超过150N		
17	轿门的锁闭状况及关闭位置	安全触点位置正确，无论是下沉检修或紧急电动操作均不能造成开门运行		
18	层门的锁闭状况及关闭装置	门锁触电的超行程，锁钩与挡块间隙和啮合深度、层门的自闭能力		
19	绳索的张紧度及防跳装置	安全触点检查，动作时电梯停止运行		
20	检修门、井道安全门	均不得朝井道内开启，关闭时，电梯才能运行		
21	欠电压、过电流、弱磁、速度	按产品要求调整检验		
22	程序转速及消防专用开关	返基站、开门、解除应答、运行、动作可靠		

步骤二：电梯功能确认

分别对电梯的各功能进行确认测试：

1）开门和关门功能的确认。

2）外呼和内选功能的确认。

3）停止开关功能的确认。

4）维修状态和自动状态转换功能的确认。

5）维修状态时，慢车上行和慢车下行的功能确认。

6) 自动状态时，上行和下行的功能确认。

7) 对讲功能的确认。

步骤三：基本功能确认

按表9-6所列的工作内容和步骤进行基本功能的确认。

表9-6 基本功能确认

步骤	工作内容	操作确认
1	一个同学站在机房，另一个同学站在轿厢	
2	由站在轿厢的同学操控电梯，进行试运行	
3	在运行过程中通过对开门和关门功能、外呼和内选功能、停止开关功能、检修状态和自动状态转换功能、检修状态时慢车上行和慢车下行功能、自动状态时上行和下行功能、对讲功能等进行确认	
4	站在机房的同学配合轿厢的同学对上述功能进行确认	

评价反馈

1. 自我评价（40分）

由学生本人根据学习任务完成情况进行自我评价，将评分值记录于表9-7中。

表9-7 自我评价表

学习任务	项目内容	配分	评分标准	得分
学习任务9	1. 安全意识	20分	1. 不遵守安全规范操作要求(扣1~10分) 2. 有其他违反安全操作规范的行为(扣1~10分)	
	2. 运行测试	60分	1. 不会使用调试工具和仪器(扣5~20分) 2. 不会检修运行、检查设备(扣5~20分) 3. 不会测试电梯功能(扣5~20分)	
	3. 职业规范和环境保护	20分	1. 不爱护设备、工具(扣1~5分) 2. 在工作完成后不清理现场，在工作中产生的废弃物不按规定处置(扣1~5分)，若将废弃物遗弃在井道内(扣1~10分)	
			总评分=(1~3项得分之和)×40%	

签名：_____ ___年___月___日

2. 小组评价（30分）

由同一实训小组的同学结合自评的情况进行互评，将评分值记录于表9-8中。

表9-8 小组评价表

项目内容	配分	评分
1. 实训记录与自我评价情况	30分	
2. 完成实训工作任务的质量	30分	
3. 互相帮助与协作能力	20分	
4. 安全、质量意识与责任心	20分	
总评分=(1~4项得分之和)×30%		

参加评价人员签名：_____ ___年___月___日

3. 教师评价（30分）

由指导教师结合自评与互评的结果进行综合评价，并将评价意见与评分值记录于表9-9中。

表 9-9   教师评价表

教师总体评价意见:	
	教师评分 (30分)
	总评分 = 自我评分 + 小组评分 + 教师评分

教师签名: _____   ___年___月___日

任务小结

本任务的主要要求是认识电梯调试的准备工作、调试中使用的工具和仪器，能对电梯电路进行绝缘测量。掌握检修试运行、快车试运行时检测的步骤。

通过完成本任务的学习，学员对机房、井道、轿厢、层站的每个设备和装置进行检查和测试，基本能够完成电梯的安装、调试、试运行的工作。调试过程中，在不同的工作岗位上，必须严格遵守安全操作规程，互相协作，才能避免安全事故的发生。

思 考 与 习 题

9-1   单项选择题

1. 电梯超载试验时轿厢应装（   ）额定负荷进行试验。

A. 120%   B. 125%   C. 110%   D. 150%

2. 电梯的电气设备接地电阻不大于（   ）。

A. 1Ω   B. 2.5Ω   C. 4Ω   D. 10Ω

3. 控制、信号等线路绝缘电阻应不小于（   ）。

A. 0.25MΩ   B. 0.3MΩ   C. 0.5MΩ   D. 1MΩ

4. 在轿厢下降速度超过限速器规定速度时，限速器应立即作用带动（   ）制停轿厢。

A. 安全钳   B. 极限开关   C. 导靴   D. 下限位开关

5. 限速器动作时，限速器钢丝绳的最大张力应不小于安全钳提拉力的（   ）倍。

A. 5   B. 3   C. 2   D. 7

6. 层门门锁锁紧元件的最小啮合长度为（   ）。

A. 7mm   B. 8mm   C. 9mm   D. 10mm

7. 上下限位开关在轿厢越程 >（   ）前起作用。

A. 100mm   B. 200mm   C. 250mm   D. 260mm

9-2 判断题

1. 接地电阻不得小于 4Ω。（　　）

2. 试运行应先在慢速检修状态下进行。（　　）

3. 经慢速试运行和对有关部件进行调校后即可进行快速试运行和调试。（　　）

4. 控制柜内动力电路绝缘电阻应大于 0.5MΩ。（　　）

5. 上下极限开关应在轿厢或对重缓冲器之前起作用。（　　）

6. 轿厢与对重间的最小距离为 50mm。（　　）

7. 三相电源电压是否稳定（波动范围 ≤9%）。（　　）

9-3 综合题

试述电梯检修、试运行需要检查的内容。

9-4 试述对本学习任务与实训操作的认识、收获与体会。

学习任务10

验收与交付使用

任务分析

通过本任务的学习，了解电梯交付使用前的验收项目、内容和方法。

建议学时

建议完成本任务为 6~12 学时。

任务目标

应知

1）了解电梯安装后交付使用前的相关资料。

2）理解电梯安装验收要求和标准。

3）掌握电梯监督检验要求。

应会

1）学会电梯安装后的检验方法和要求。

2）掌握与用户办理电梯设备交付使用的资料和相关手续。

学习子任务 10.1 安全装置检查及整机功能试验

基础知识

安全检查及整机功能试验的要求：

1）电梯安装好后必须经过调试人员的调试和检测，即按厂家的要求，按照政府部门及相关标准对电梯监督检验的内容对安装的电梯进行检验，保证电梯的安装工程和安装质量符合国家相关标准和法规的要求。

2）企业自检合格后，政府部门将对电梯进行监督检验，这是对电梯生产和使用单位执行相关标准规定、落实安全责任，为保证和自主确认电梯安全的相关工作质量情况的查证性检验。

3）电梯经特种设备检验检测机构检验合格，并向直辖市或者设区的市的特种设备安全监督管理部门登记，方可交付使用单位使用。

4）电梯安全装置检查试验至少包括以下几项：

① 轿厢上行超速保护装置试验。

② 耗能缓冲器试验。

③ 轿厢限速器-安全钳联动试验。

④ 对重限速器-安全钳联动试验。

5）完成电梯安全装置试验之后，可进行电梯整机功能试验，包括以下几项：

① 平衡系数试验。

② 空载曳引力试验。

③ 运行试验。

④ 消防返回功能试验。

⑤ 电梯速度试验。

⑥ 上行制动试验。

⑦ 下行制动试验。

⑧ 静态曳引试验。

⑨ 安全钳测试。

⑩ 缓冲器测试。

⑪ 轿厢上行超速保护装置测试。

工作步骤

步骤一：讲解安全操作规程及分组

1）学生分组，以6人为一组。

2）由指导教师对操作的安全规范要求做简单介绍。

步骤二：电梯安全检查试验

在指导教师的带领下进行电梯安全装置检查试验。

（1）轿厢上行超速保护装置试验要领

1）试验准备：电梯必须空载，轿厢处于最低层站，确认电梯检修运行时，电梯限速器开关动作时，电梯产生急停。

2）电梯处于检修模式，在检修装置上操作电梯向上运行，人为触发限速器的动作，观察电梯是否制动到停止。如果是，电梯上行超速保护装置动作正常。如果电梯不能制动到停止，重新进行试验并且用电梯加速度测试仪测量上行超速保护装置动作时电梯是否减速，如果是，电梯上行超速保护装置动作正常；如果不是，电梯上行超速保护装置动作异常，请进行检查、整改，直至工作正常。

3）限速器复位，试验结束。

（2）耗能型缓冲器检查试验

1）检查缓冲器安装位置是否准确且是否可靠固定，查看液压油位是否正确，确认缓冲器型号编号与电梯合同号相对应。

2）检测缓冲器电气开关工作是否正常。

3）电梯处于检修状态，使其满载并停靠在最低层站，短接下限开关和下极限开关，检修下行过程中使电梯轿厢压缩缓冲器。若压缩缓冲器使其电气开关动作切断电梯电源，停止运行，说明电气开关有效。

4）短接缓冲器开关继续运行电梯下行直至完全压缩缓冲器并无撞击声，电梯钢丝绳打滑停梯，说明缓冲器能制停轿厢下行；测量电梯轿厢下陷平层距离，此缓冲距离应符合安装验收规范。

5）电梯检修上行离开底坑，检查缓冲器恢复状态时间是否符合规范。

（3）轿厢限速器-安全钳联动试验

1）确认井道内无人作业，电梯置于检修状态，轿厢内放置满载荷重量。

2）手动触发限速器装置，使限速器夹绳装置将钢丝绳卡紧，电梯继续检修点动向下运行，直至限速器电气开关动作，电梯停止。

3）短接限速器开关，电梯继续向下运行到安全钳电气开关动作，电梯停止。

4）短接安全钳开关，电梯继续向下运行到轿厢完全停止，曳引机空转打滑，试验成功。

（4）检查试验记录

在进行电梯安全装置检查试验后，将学习情况记录于表 10-1 中。

表 10-1　电梯安全装置检查试验记录表

序号	测试内容	试验结果	整改结果	备注
1	轿厢上行超速保护装置试验			
2	耗能缓冲器试验			
3	轿厢限速器-安全钳联动试验			

步骤三：电梯整机功能试验

完成电梯安全装置试验之后，可进行电梯整机功能试验。

（1）平衡系数试验

1）要求电梯平衡系数为 0.4~0.5。

2）电梯检修开到对重顶与轿厢顶平齐的位置，机房钢丝绳做好中间平衡位置标记。

3）把电梯开到平层，逐一加载额定载荷的 30%、40%、45%、50%、60%，让电梯全速跑全程，并在电梯上和下的方向平衡位置各记录一次电流值。

4）将数据标注在表 10-2 中，绘制电流与载荷平面坐标图，观察、推测、计算电梯平衡系数。

（2）空载曳引力试验

1）当对重压在缓冲器上，曳引机向上方向旋转运行时，电梯轿厢不能提升。

2）将限位、极限、缓冲器开关短接，以检修速度提升空轿厢，当对重压缩缓冲器后继续向上运行，观察曳引机是否停止或者曳引钢丝绳是否出现打滑现象。

（3）运行试验

1）电梯在轿厢载荷分别为 0%、25%、40%、50%、75%、100%、110%、125% 的情况下，上下全程满速运行电梯。

2）在运行中观察电梯的速度、信号控制、平层、电流等参数及系统的工作状态。

（4）消防返回功能试验

1）电梯消防功能与建筑物消防系统对接到位。

2）模拟建筑物消防状态，电梯能自动关闭门系统并取消登记，迫降到基站并保持门处于开启状态。

（5）电梯速度试验

1）对电梯运行速度，轿厢内放置50%的额度载重量，电梯上、下全程全速运行，在中间行程位置记录电流、电压、转速值。

2）用转速计算轿厢的运行速度：

$$v_1 = \frac{\pi D n}{1000 \times 60 i_1 i_2}$$

式中，v_1为轿厢运行速度；D为曳引轮直径；n为实测转速；i_1为曳引机减速比；i_2为曳引比。

（6）制动力试验

1）上行制动力，电梯空载向上运行，在运行到满速时人为断电或停梯，轿厢可靠制停。

2）下行制动力，电梯以125%载荷向下运行，在运行到满速时断电，轿厢可靠制停。

（7）静态曳引力试验

1）对于轿厢面积超过相应规定的载货电梯，以轿厢实际面积所对应的1.25倍额定载重量进行静态曳引试验。

2）对于轿厢面积超过相应规定的非商用汽车电梯，以1.5倍额定载重量做静态曳引试验。

3）电梯停在平层位置，放置试验载荷，历时10min，曳引钢丝绳应没有打滑现象。

（8）电梯整机功能试验记录

在进行电梯整机功能试验后，将学习情况记录于表10-3中。

表10-2　电流-载荷曲线记录表

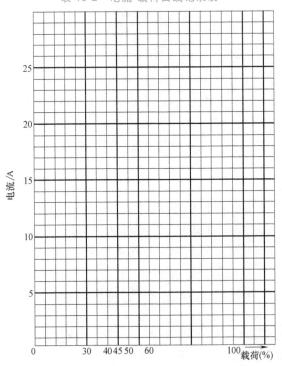

表 10-3　电梯整机功能试验记录表

序号	测试内容	试验结果	整改结果	备注
1	平衡系数试验			
2	空载曳引力试验			
3	运行试验			
4	消防返回功能试验			
5	电梯速度试验			
6	上行制动试验			
7	下行制动试验			
8	静态曳引力试验			

学习子任务 10.2　　监督检验和交付使用

基础知识

电梯在完成全部安装工作，并经安装人员自行检查合格，再报请单位专职检验员复检合格和试运行正常后，应对安装过程的各种记录及技术资料进行整理，以便监督检验机构的检验人员查阅。资料应包括制造、安装企业应提供的资料和文件。

（1）电梯制造企业应提供的资料和文件

1）装箱单。

2）产品出厂合格证。

3）机房井道布置图。

4）使用维护说明书。

5）动力电路和安全电路的电气示意图及符号说明。

6）电气敷线图。

7）部件安装图。

8）安装说明书。

9）安全部件（门锁装置、限速器、安全钳、缓冲器和标注规定的其他部件）型式试验报告结论副本，其中限速器与渐进式安全钳必须有调试证书副本。

（2）安装单位应提供的资料和文件

1）年度自检报告（见表 10-4）。

2）应急事故处理报告（见表 10-5）。

厂家出具完整的自检报告后，即可约请政府质量检测部门进行正式的检查检验，电梯监督检验项目共有 8 项：①技术资料；②机房；③井道；④轿厢；⑤曳引钢丝绳与补偿链；⑥层站层门与轿门；⑦底坑；⑧功能试验等。经检查检验合格并发给"电梯检验合格证"后，即可认为电梯安装工作已经全部完成。

电梯经政府技检部门检查检验合格取得"电梯检验合格证"后，可与电梯业主协商办理交接事宜。双方代表在交接验收书上签字认证。

表 10-4　年度自检报告

基本情况和技术参数			
设备使用地点		使用单位设备编号	
安全管理人员		联系电话	
规格型号		产品出厂编号	
额定载重量	kg	额定速度	m/s
层站门	层　　　站　　　门	使用单位组织机构代码	
控制方式	（□信号　□集选　□并联　□梯群　□按钮　□手柄）控制		
设备名称	□曳引式客梯　□无机房客梯　□观光电梯　□病床电梯 □曳引式货梯　□无机房货梯　□汽车电梯		
自检结论			
该电梯按照 TSG 08—2017《特种设备使用管理规则》进行了年度自行检查,运行状况良好,符合 T7001—2009《电梯监督检验和定期检验规则——曳引与强制驱动电梯》第 2 号修改单的规定和电梯使用维护说明书的要求,自检合格			
备注			
□　电梯轿厢装修,电梯轿厢质量变化超过了额定载荷的 8%,本单位对相关参数已进行调整（或确认）,符合 GB 7588—2003 国家标准等相关要求,检查合格。 □　本检验年度电梯轿厢未装修或已装修,但电梯轿厢质量变化未超过额定载荷的 8%			
检验(签章):　　　　审核(签章):　　　　维保单位(盖章) 　　　　　　　　　　　　　　　　　　　　　　　　　　　　年　　月　　日			

表 10-5　应急事故处理报告

填报编号:

部门/部位		设施/设备		操作责任人	
事故 具体 情况					
原因 分析					
采取 的措 施及 实施 方法					
整改 时限					

工作步骤

1) 以 6 人为一组，先由学生各自说出电梯交付资料和电梯监督检验项目的内容。

2) 在指导教师的带领下检查电梯交付资料并且建立用户档案，并填写表 10-6。

表 10-6 用户档案目录（安装资料部分）

项目名称				数量/台	
出厂编号	设备名称		规格型号	层/站/门/提升高度/使用区长度	

序号	文件名称	√ （表示具备）	序号	文件名称	√ （表示具备）
1	告知书		14	电梯安装施工过程记录	
2	告知回执		15	电梯安装现场环境检查表	
3	报检单		16	劳保用品检测记录表	
4	合格证		17	电梯主要功能检验记录表	
5	图样		18	电梯安装现场职业安全健康检查表	
6	施工方案		19	派工单（合同）	
7	开工单		20	电梯监督检验报告	
8	自检报告		21	特种设备注册登记表	
9	三级安全教育记录表		22	特种设备注册登记证	
10	安全技术交底记录表		23	电梯使用标志	
11	施工方案评审记录表		24	型式试验合格证	
12	设备开箱检验记录		25	整梯竣工交付用户使用登记表	
13	电梯安装工具检查记录表				

评价反馈

1. 自我评价（40 分）

由学生本人根据学习任务完成情况进行自我评价，将评分值记录于表 10-7 中。

表 10-7 自我评价表

学习任务	项目内容	配分	评分标准	得分
学习任务 10	1. 安全意识	20 分	1. 不遵守安全规范操作要求（酌情扣 2~5 分） 2. 有其他违反安全操作规范的行为（扣 2 分）	
	2. 熟悉电梯交付使用前的检查工作	60 分	1. 不能说明工作流程（扣 40 分） 2. 表 10-6 记录不完整（一处扣 5 分）	
	3. 职业规范和环境保护	20 分	1. 不爱护设备、工具（扣 3 分） 2. 在工作完成后不清理现场，在工作中产生的废弃物不按规定处置，各扣 2 分；若将废弃物遗弃在井道内（扣 3 分）	
			总评分 =（1~3 项得分之和）×40%	

签名：_____   ____年____月____日

2. 小组评价（30 分）

由同一实训小组的同学结合自评的情况进行互评，将评分值记录于表 10-8 中。

表 10-8　小组评价表

项 目 内 容	配分	评分
1. 实训记录与自我评价情况	30 分	
2. 完成实训工作任务的质量	30 分	
3. 互相帮助与协作能力	20 分	
4. 安全、质量意识与责任心	20 分	
总评分 =（1~4 项得分之和）×30%		

参加评价人员签名：_____　____年____月____日

3. 教师评价（30 分）

由指导教师结合自评与互评的结果进行综合评价，并将评价意见与评分值记录于表 10-9 中。

表 10-9　教师评价表

教师总体评价意见：

教师评分（30 分）	
总评分 = 自我评分 + 小组评分 + 教师评分	

教师签名：_____　____年____月____日

任务小结

通过本任务的学习，在熟悉了电梯安装调整后，根据电梯技术条件、安装验收规范、制造和安装安全规范的规定对电梯进行安全装置和整机性能试验与测试。电梯交付使用前的检查内容包括：

1）按提交的文件与安装完毕后的电梯进行对照。

2）检查一切情况下均满足本标准的要求。

3）根据制造、安装、检验标准，核对检查安装的电梯生产厂家无特殊要求的部件。

4）对于要进行型式试验的安全部件，将其型式试验证书上的详细内容与电梯参数进行对照。

5）交付使用前按国家新安装电梯监督检验要求进行自检，并准备报验所需要的资料。

思 考 与 习 题

10-1　多项选择题

1. 电梯安全装置检查试验至少包括哪几项？（　　　）

A. 轿厢上行超速保护装置试验　　　　B. 电梯门锁装置试验

C. 耗能缓冲器试验　　　　　　　　　D. 蓄能型缓冲器试验

E. 轿厢限速器-安全钳联动试验　　　　F. 对重限速器-安全钳联动试验

2. 电梯整机功能试验包括哪几项内容？（　　　　）

A. 平衡系数试验　　　　　　　　　　B. 空载曳引力试验

C. 运行试验　　　　　　　　　　　　D. 消防返回功能试验

E. 电梯速度试验　　　　　　　　　　F. 上行制动试验

G. 下行制动试验　　　　　　　　　　H. 静态曳引试验

3. 交付使用前的试验和验证应包括哪些内容？（　　　　）

A. 门锁装置　　　　　　　　　　　　B. 电气安全装置

C. 悬挂装置及其附件，应校验它们的技术参数是否符合记录或档案的技术参数

D. 制动系统　　　　　　　　　　　　E. 电流或功率的测量及速度的测量

F. 电气接线　　　　　　　　　　　　G. 极限开关

H. 曳引检查　　　　　　　　　　　　I. 限速器

J. 轿厢安全钳　　　　　　　　　　　K. 对重（或平衡重）安全钳

L. 缓冲器　　　　　　　　　　　　　M. 报警装置

N. 轿厢上行超速保护装置

4. 曳引钢丝绳应满足（　　　　）。

A. 轿厢125%额定载重时平层不打滑

B. 空载或满载时，紧急制动其减速度的值不超过缓冲器作用时减速度的值

C. 对重压在缓冲器上，曳引机上行，应不能提升空载轿厢

D. 平层满足标准的要求

5. 验收检验时，额定速度不小于1m/s的电梯限速器、安全钳联动试验的规范要求有
（　　　　）。

A. 轿内额定载荷　　　　　　　　　　B. 轿内125%额定载荷

C. 超速进行　　　　　　　　　　　　D. 低速进行

E. 动作后轿厢底倾斜度不超过5%

6. 新梯报检时需要提供型式试验报告记录书的部件有（　　　　）。

A. 聚氨酯缓冲器　　B. 主变频器　　　C. 厅门锁　　　　　D. 限速器

E. 安全钳　　　　　F. 主接触器

7. 下面有关安全钳的说法正确的是（　　　　）。

A. 轿厢应装有能下行时动作的安全钳

B. 不得用电气、液压或气动操纵的装置来操纵安全钳

C. 禁止将安全钳的夹爪或钳体充当导靴

D. 安全钳开关应在安全钳动作以前或同时使电梯驱动主机停转

10-2　试述对本任务与实训操作的认识、收获与体会。

附录

亚龙YL系列电梯
教学设备介绍

一、亚龙 YL 系列电梯教学设备列表（表1）

表 1　亚龙 YL 系列电梯教学设备

序号	设备型号	设 备 名 称	可开设主要实训项目
1	YL-777	电梯安装、维修与保养实训考核装置	21
2	YL-770	电梯电气安装与调试实训考核装置	7
3	YL-771	电梯井道设施安装与调试实训考核装置	12
4	YL-772	电梯门机构安装与调试实训考核装置	12
5	YL-772A	电梯门系统安装实训考核装置	11
6	YL-773	电梯限速器安全钳联动机构实训考核装置(电动式)	12
7	YL-773A	电梯限速器安全钳联动机构实训考核装置(机械式)	6
8	YL-774	电梯曳引系统安装实训考核装置	18
9	YL-775	万能电梯门系统安装实训考核装置	17
10	YL-2170A	自动扶梯维修与保养实训考核装置	17
11	YL-778	自动扶梯维修与保养实训考核装置	15
12	YL-778A	自动扶梯梯级拆装实训装置	5
13	YL-779	电梯曳引绳头实训考核装置	3
14	YL-779A～M	电梯基础技能实训考核装置	35
15	YL-2086A	电梯曳引机安装与调试实训考核装置	5
16	YL-2187A	电梯门系统安装与调试实训考核装置	20
17	YL-2196A	现代智能物联网群控电梯电气控制实训考核装置	16
18	YL-2195D	现代电梯电气控制实训考核装置	12
19	YL-2197C	电梯电气控制装调实训考核装置	12
20	YL-2197B	电梯电气控制装调实训考核装置	12
21	YL-SWS27A	电梯 3D 安装仿真软件	10

二、亚龙 YL 系列电梯部分设备简介

1. 亚龙 YL-777 型电梯安装、维修与保养实训考核装置

（1）产品概述

YL-777 型电梯安装、维修与保养实训考核装置的外观如图 1 所示，该装置是根据真实电梯安装、调试、维护和保养要求开发的电梯实训教学平台。

整个装置采用真实的电梯部件组成，导轨、轿厢、厅门、轿厢门、限速器、对重装置等都采用真实的部件或配套的机构。控制部分采用全数字化的微机控制系统（VVVF），曳引机采用目前主流的永磁同步电动机驱动，同时配套有相应的故障点设置，学生可以通过故障现象在装置上检测查找故障点的位置，并将其修复。学生也可以根据电梯定期检查的要求对电梯的相应部位进行检测和修护。

（2）主要技术参数

1）工作电源：三相五线 AC380V/220V×（1±7.5%），50Hz。

2）装置尺寸：5000mm × 3900mm × 7800mm（长×宽×高）。

3）厅门净尺寸：800mm×1000mm。

4）提升高度：1800mm。

5）额定速度：0.2m/s。

6）中分开门型式。

7）集选变频控制方式。

图 1　亚龙 YL-777 型电梯安装、维修与保养实训考核装置

8）安全保护措施：接地保护、过电流、过载、剩余电流保护及防坠落等保护功能，符合国家相关的标准。

9）最大功率消耗：≤1.6kW。

（3）结构和功能特点

1）结构的真实性。

本设备完全采用真实电梯的机构及部件组成，完全反映了实际工程电梯的真实机构和控制系统，是一个真实工程型的教学、实训、考核装置。设备主要由曳引系统、导向系统、轿厢系统、门系统、重量平衡系统、电力拖动系统、电气控制系统及安全保护系统等构成。

2）实训的便捷性。

为了尽可能反映出设备的真实性，采用钢结构支架的模拟井道、真实的电梯机构及部件，模拟出电梯真实的工作环境。

3）教学的全面性。

本装置选用目前主流的永磁同步电动机驱动，控制部分采用全数字化的微机控制系统

（VVVF），整个装置采用真实的部件组成，导轨、轿厢、厅门、轿厢门、限速器、对重装置等都采用真实的部件或配套的机构，完全符合现场工作的标准。

4）设备的规范性。

主流的一体化控制系统、紧凑的机械机构、多重的安全保护、开放式教学平台，真实、便捷的实训平台，完全符合现场化规范的标准。

5）产品的安全性。

本装置设有制动器、限速器-安全钳、上下极限开关、门联锁机械-电气联动、急停开关、检修开关、缓冲器、防护栏、断相、错相、关门防夹等多重安全保护措施。

（4）可开设的主要实训项目

本装置可开设的教学实训项目主要有21项，见表2。

表2　YL-777型电梯安装、维修与保养实训考核装置可开设的主要教学实训项目

序号	系　统	实训项目
1	电梯的曳引系统	曳引机制动器机械调节及故障查找实训
2	电梯的门系统	轿厢门传动机构调节、维护、故障查找及排除实训
3		厅门传动机构调节、维护、故障查找及排除实训
4		轿厢门电动机变频器驱动控制电路检测调节及故障查找实训
5	电梯的引导系统	轿厢导轨检测、调节实训
6		对重导轨检测、调节实训
7		导靴与导轨的检测、调节实训
8	电梯的电力拖动系统	曳引电动机变频驱动控制电路检测调节及故障查找实训
9	电梯的电气控制系统	轿厢门控制电路故障查找及排除实训
10		平层装置调节及控制电路故障查找及排除实训
11		楼层、轿厢召唤信号电路故障查找及排除实训
12		轿顶检修箱控制电路故障查找及排除实训
13		上、下行程终端位置保护装置故障查找及排除实训
14		照明控制电路故障查找及排除实训
15		通信电路故障查找及排除实训
16		微机控制电路故障查找及排除实训
17		电源电路故障查找及排除实训
18	电梯的安全保护系统	限速器动作调节实训
19		限速器开关动作故障查找实训
20		安全钳检测调试实训
21		安全钳传动机构调节检测调试实训

2. 亚龙 YL-2170A 型自动扶梯维修与保养实训考核装置

（1）产品概述

YL-2170A 型自动扶梯维修与保养实训考核装置是 YL-777 型电梯安装、维修与保养实训考核装置的配套设备之一，如图2所示。

整个装置采用金属骨架，由曳引装置、驱动装置、扶手驱动装置、梯路导轨、梯级传动

链、梯级、梳齿前沿板、电气控制系统、自动润滑系统等部分组成。电气控制部分采用默纳克一体机控制系统，曳引机采用立式曳引机驱动，同时配套有相应的故障点设置。

图 2　亚龙 YL-2170A 型自动扶梯维修与保养实训考核装置

（2）主要技术参数

1）工作电源：三相五线 AC380V/220V×（1±7%），50Hz；接地电阻不大于 4Ω。

2）工作环境：海拔＜1000m；温度为 −5 ~ +60℃；湿度为 25%RH ~ 85%RH，无水珠凝结；环境空气中不含有腐蚀性和易燃性气体。

3）扶梯提升高度：1000mm。

4）倾斜度：35°。

5）梯级宽度：800mm。

6）运行速度：≤0.5m/s。

7）额定功率：5.5kW。

8）运行噪声：≤60dB。

9）外形尺寸：9000mm×3300mm×3800mm（长×宽×高）。

（3）可开设的主要实训项目

本装置可开设的教学实训项目主要有 17 项，见表 3。

表 3　YL-2170A 型自动扶梯维修与保养实训考核装置可开设的主要教学实训项目

序号	实 训 项 目
1	自动扶梯的安全操作与使用实训
2	自动扶梯维修保养前基本安全操作实训
3	梯级的拆装操作实训
4	梳齿板的调整实训
5	梳齿前沿的调整实训
6	扶手带张紧的调整实训

（续）

序号	实 训 项 目
7	梯级链张紧的调整实训
8	驱动链的调整实训
9	制动器的调整实训
10	附加制动器的调整实训
11	自动扶梯日常维护保养实训
12	自动扶梯紧急救援实训
13	自动扶梯安全回路故障查找及排除实训
14	自动扶梯检修电路故障查找及排除实训
15	自动扶梯安全监控电路故障查找及排除实训
16	自动扶梯动力电路故障查找及排除实训
17	自动扶梯控制电路故障查找及排除实训

3. 亚龙 YL-2187A 型电梯门系统安装与调试实训考核装置

（1）产品概述

亚龙 YL-2187A 型电梯门系统安装与调试实训考核装置是根据电梯门系统安装与调试教学要求而开发的一种电梯门机构实训考核装置，如图 3 所示。

本装置主要由钢结构框架、门机、轿门、层门等部件组成。门机采用目前市场最主流的永磁变频门机（也可以根据客户需求而定制）。按电梯开门方式的不同，设备可分为中分门和旁开门两种。轿门、层门部分可以分离，且分离后可以单独进行实训操作。

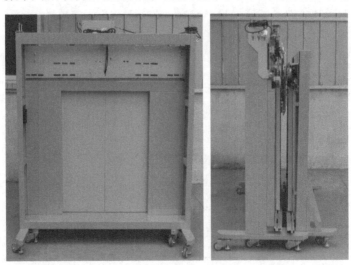

图 3　亚龙 YL-2187A 型电梯门系统安装与调试实训考核装置

（2）主要技术参数

1）工作环境：海拔<1000m；温度为-10～+40℃；湿度<95%RH，无水珠凝结；环境空气中不含有腐蚀性和易燃性气体。

2）电源输入：单相三线 AC220V，50Hz。

3）门机：永磁同步变频门机（可选变频门机）。

4）门机电动机额定电压：AC100V/125V。

5）门机电动机额定转速：180r/min。

6）门机电动机额定功率：43/94W。

7）开门宽度：800mm。

8）门高度：1000mm。

9）轿门材料：Q235（可选不锈钢板）。

10）层门材料：Q235（可选不锈钢板）。

11）整机功耗：≤0.5kW。

12）整机质量：≤300kg。

13）外形尺寸：≤1700mm×1000mm×1900mm（长×宽×高）。

（3）可开设的主要实训项目

本装置可开设的教学实训项目主要有20项，见表4。

表4　YL-2187A型电梯门系统安装与调试实训考核装置可开设的主要教学实训项目

序号	实训项目
1	电梯层门地坎的安装与调整实训
2	电梯轿厢门地坎的安装与调整实训
3	电梯层门门框的安装与调整实训
4	电梯层门上坎的安装与调整实训
5	电梯层门门扇的安装与调整实训
6	层门连接钢丝绳的调整实训
7	层门自闭力装置的安装与调整实训
8	电梯层门门锁的安装与调整实训
9	电梯门机的安装与调整实训
10	电梯轿门的安装与调整实训
11	电梯门刀的安装与调试实训
12	电梯轿门同步带的调整实训
13	电梯开关门限位的调整实训
14	电梯轿门门锁的调整实训
15	电梯门机调试实训
16	电梯层门滚轮的更换实训
17	电梯层门挂板的更换实训
18	电梯层门三角锁的更换实训
19	电梯轿门滚轮的更换实训
20	电梯轿门挂板的更换实训

参 考 文 献

[1] 李乃夫. 电梯维修保养备赛指导 [M]. 北京：高等教育出版社，2013.

[2] 叶安丽. 电梯控制技术 [M]. 2 版. 北京：机械工业出版社，2007.

[3] 张伯虎. 从零开始学电梯维修技术 [M]. 北京：国防工业出版社，2009.

[4] 陈家盛. 电梯结构原理及安装维修 [M]. 5 版. 北京：机械工业出版社，2012.

[5] 全国电梯标准化技术委员会. 电梯制造与安装安全规范：GB 7588—2003 [S]. 北京：中国标准出版社，2003.

[6] 全国电梯标准化技术委员会. 电梯安装验收规范：GB/T 10060—2011 [S]. 北京：中国标准出版社，2012.

[7] 全国电梯标准化技术委员会. 电梯试验方法：GB/T 10059—2009 [S]. 北京：中国标准出版社，2010.